高等职业教育

机械行业"十二五"规划教材

钳工技能实训

Fitter Skills Training

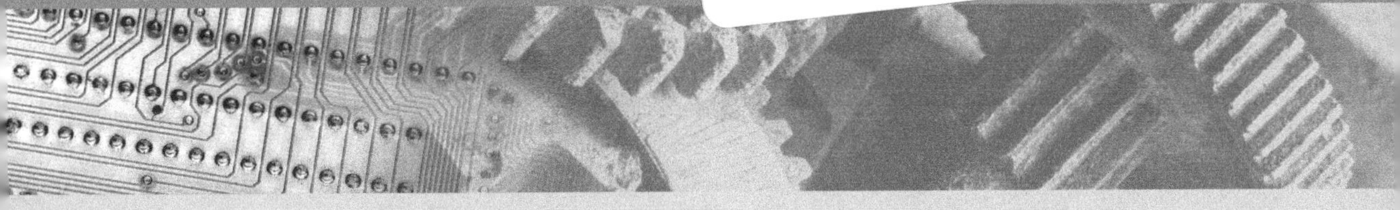

◎ 王德洪 吕超 李伟 主编

人民邮电出版社

北京

精品系列

图书在版编目（CIP）数据

钛工技能实训 / 王德洪，吕超，李伟主编. -- 北京：人民邮电出版社，2016.4（2020.2重印）
高等职业教育机械行业“十二五”规划教材
ISBN 978-7-115-40974-4

Ⅰ. ①钳… Ⅱ. ①王… ②吕… ③李… Ⅲ. ①钳工－高等职业教育－教材 Ⅳ. ①TG9

中国版本图书馆CIP数据核字(2015)第273834号

内 容 提 要

本书以钳工操作过程为主线，以图表为主要编写形式，大量采用立体实物图，实例剖析，文字简明扼要，便于教学和实训。主要内容包括了解钳工（了解钳工工作的任务和钳工工作的场地及设备）、辅助性操作（钳工量具使用、平面划线和立体划线）、切削性操作（工件锯削、錾削、锉削、钻孔、扩孔、锪孔、铰孔、攻丝、套丝和刮削等）、装配性操作（连接件的装配和拆卸、轴承的装配和拆卸）和维修性操作等。

本书可供高职高专院校作为钳工实训教材，也可供其他学校作钳工培训课程的教材或参考书使用。

◆ 主　编　王德洪　吕　超　李　伟
责任编辑　韩旭光
责任印制　张佳莹　彭志环
◆ 人民邮电出版社出版发行　北京市丰台区成寿寺路11号
邮编　100164　电子邮件　315@ptpress.com.cn
网址　http://www.ptpress.com.cn
北京七彩京通数码快印有限公司印刷
◆ 开本：787×1092　1/16
印张：9.5　2016年4月第1版
字数：233千字　2020年2月北京第5次印刷

定价：24.00元

读者服务热线：(010)81055256　印装质量热线：(010)81055316
反盗版热线：(010)81055315
广告经营许可证：京东工商广登字20170147号

前 言

钳工是使用各种手工工具和一些简单的机动工具或设备（如钻床、砂轮机等）完成目前采用机械加工方法不太适宜或还不能完成的工作的工种。该工种可分为普通钳工、机修钳工（检修钳工）和工具钳工等。尽管分工不同，但钳工一般包括辅助性操作、切削性操作、装配性操作和维修性操作等。

辅助性操作主要指划线。切削性操作包括锯削、錾削、锉削、钻孔、扩孔、锪孔、铰孔、攻丝、套丝和刮削等。装配性操作是将若干个合格的零件按规定的技能要求结合成部件，或将若干个零件和部件结合成机器设备，并经过调整、试验等成为合格产品的工艺过程。维修性操作包括维护和修理。

钳工是机电设备管理与维修、铁道车辆、高速动车组检修技术、城市轨道交通车辆、数控技术、机械制造及自动化、汽车运用与维修、汽车制造与维修、模具制造技术、工程机械、城市轨道交通控制、铁道通信信号等专业学生必备的基本技能。

本书以钳工操作为主线，以图表为主要编写形式，大量采用立体实物图，实例剖析，文字简明扼要，便于教学和实训。本书共有 5 个钳工项目，任课教师可根据具体情况安排教学的顺序和课时数。

本书由武汉铁路职业技术学院王德洪（编写项目三、项目五和附录，并统稿）、吕超（编写项目四）和李伟（编写项目一和项目二）任主编。

本书可供高职高专院校机电设备管理与维修、铁道车辆、高速动车组检修技术、城市轨道交通车辆、数控技术、机械制造及自动化、汽车运用与维修、汽车制造与维修、模具制造技术、工程机械、城市轨道交通控制、铁道通信信号等专业作为钳工实训教材使用，也可供其他学校作钳工培训课程的教材或参考书使用。

由于作者水平有限，书中不足之处在所难免，敬请读者和专家指正。

编　者

2015 年 11 月

目 录

项目一

了解钳工

【能力目标】

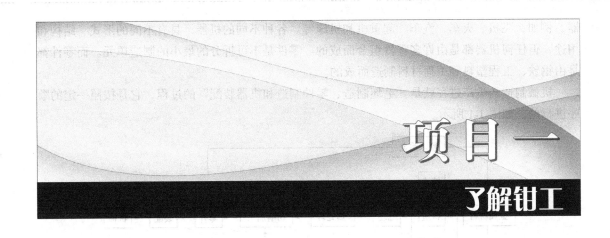

本项目可通过多媒体课件和现场讲解，让学生弄清钳工任务、分类、工作场地及设备。

【知识目标】

1. 了解钳工的主要任务和分类。
2. 了解钳工常用的设备和场地。
3. 掌握钳工安全操作规程。

项目引入

本项目通过 2 个任务让学生弄清钳工任务、分类、工作场地及设备。

任务一 了解钳工任务和分类

一、任务导入

本任务可通过多媒体课件和现场讲解，让学生弄清钳工任务和分类。

二、相关知识

机械是机器和机构的总称。机器的类型很多，在日常生活和生产中，我们都接触过许多机器。例如，飞机、火车、汽车、起重机和机床等。各种不同的机器，具有不同的形式、结构和用途，但任何机器都是由许多零件组合而成的。零件是不可拆分的最小的制造单元。而零件都是由钢铁、工程塑料等工程材料制造而成的。

机械制造的生产过程就是“毛坯制造、零件制造和机器装配”的过程，它是按照一定的顺序进行的，如图 1-1 所示。

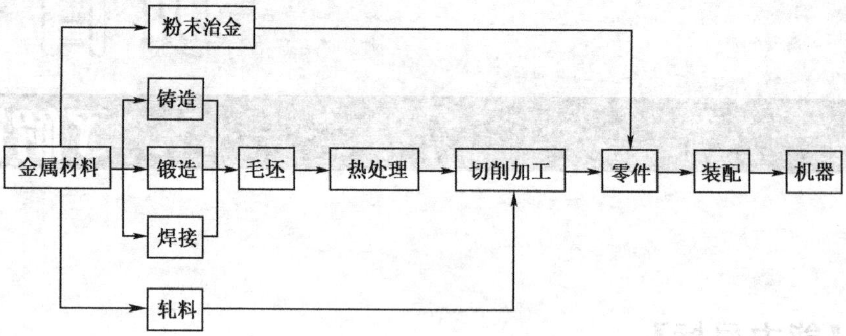

图 1-1　机械制造的生产过程图

为了完成整个生产过程，飞机、火车、汽车、起重机、机床等制造企业或维修企业一般都有铸工、锻工、焊接工、热处理工、车工、钳工和铣工等多个工种。其中钳工是起源较早、技术较强的工种之一。

钳工是使用各种手工工具和一些简单的机动工具或设备（如钻床、砂轮机等）完成目前采用机械加工方法不太适宜或还不能完成的工作的工种。

钳工的主要任务是对产品进行零件加工、装配和对机器的维护和修理。组成机器的各零件加工完成后，需要由钳工进行装配，在装配过程中，一些零件往往还需由钳工进行钻孔、攻丝、配键等补充加工后才能进行装配，甚至有些精度不高的零件，经过钳工的仔细修配，可以达到较高的精度。另外机器使用一段时间以后，也会出现这样或那样的故障，要消除这些故障，也必须由钳工进行修理，当然精密的量具、样板和模具等的制造也离不开钳工。

钳工大多是用手工方法并经常要在台虎钳上进行操作的工种。现代钳工的专业化分工越来越细，产生了专业性的钳工。钳工可分为普通钳工、机修钳工（检修钳工）和工具钳工。

普通钳工指使用钳工工具、钻床等简单设备，按技术要求对工件进行加工和修整的工种。

机修钳工指使用钳工工具、量具及辅助设备，对各种设备机械部分维护和修理的工种。

工具钳工主要是操作钳工工具、钻床等设备，进行刃具、量具、模具、夹具、索具、辅具等（统称工具，亦称工艺装备）的零件加工和修整，组合装配，调试与修理的工种。

虽然分工不同，但钳工一般包括辅助性操作、切削性操作、装配性操作和维修性操作等。

（一）辅助性操作

辅助性操作主要指划线，划线是根据需要加工图样的要求，在毛坯或半成品表面上准确地划出加工界线的一种钳工操作技能。划线的作用是给加工以明确的标志和依据，便于工件在加工时的找正和定位；检查毛坯或半成品尺寸，并通过划线借料得到补救，合理分配加工余量。

划线分为平面划线和立体划线两种。

（二）切削性操作

切削性操作包括锯削、錾削、锉削、钻孔、扩孔、锪孔、铰孔、攻丝、套丝和刮削等。

1. 锯削

锯削是利用手锯对较小材料或工件进行切断或切槽等的加工方法。它具有方便、简单和灵活的特点，在单件小批量生产、在临时工地以及切割异形工件、开槽或修整等场合应用较广。

2. 錾削

錾削是用手锤打击錾子对工件进行切削加工的一种方法。它主要用于不便于机械加工的场合，如清除毛坯件表面多余金属、分割材料或錾油槽等，有时也用作较小平面的粗加工。

3. 锉削

锉削是用锉刀对工件进行切削加工的方法。锉削加工简便，工作范围广，可对工件上的平面、曲面、内外圆弧、沟槽以及其他复杂表面进行加工，锉削的最高精度可达 IT8-IT7，表面粗糙度可达 Ra1.6～0.8μm。锉削可用于成形样板，模具型腔以及部件和机器装配时的工件修整，是钳工主要操作方法之一。

4. 钻孔、扩孔、锪孔和铰孔

钻孔是用钻头在工件上加工出孔的粗加工方法。钻孔加工精度一般在 IT10 级以下，表面粗糙度为 Ra12.5 μ m 左右。钻孔被广泛应用于各类工件孔的加工。

扩孔是用扩孔钻或麻花钻对已加工出的孔（铸出、锻出或钻出的孔）进行扩大加工的一种方法，它可以校正孔的轴线偏差，并使其获得正确的几何形状和较小的表面粗糙度，其加工精度一般为 IT10～IT9 级，表面粗糙度可达 Ra3.2～6.3μm。扩孔的加工余量一般为 0.2～4mm。

锪孔是用锪钻或改制的钻头将孔口表面加工成一定形状的孔和平面的加工方法。

铰孔是用铰刀从已经粗加工的孔壁上切除微量金属层，对孔进行精加工，以提高孔的尺寸精度和表面质量的加工方法。铰孔是应用较普遍的孔的精加工方法之一，其加工精度可达 IT9～IT7 级，表面粗糙度可达 Ra0.8～3.2μm。

5. 攻丝和套丝

攻丝（或称攻螺纹）是利用丝锥在已加工出的孔的内圆柱面上加工出内螺纹的一种加工内螺纹的方法。它广泛用于钳工装配中。

套丝（或称套螺纹）是钳工利用板牙在圆柱杆上加工外螺纹的一种加工螺纹的方法。

6. 刮削

刮削是用刮刀在有相对运动的配合表面刮去一层很薄的金属而达到要求精度的操作方法。刮削时刮刀对工件既有切削作用，又有压光作用，它是一种精加工的方法。

通过刮削后的工件表面，不仅能获得很高的形位精度、尺寸精度、传动精度和接触精度，而且能使工件的表面组织紧密和获得小的表面粗糙度，还能形成比较均匀的微浅坑，创造良好的存油条件，减少摩擦阻力。所以刮削常用于零件上互相配合的重要滑动面，如机床导轨面、滑动轴承等，并且在机械制造，工具、量具制造及修理中占有重要地位。

7. 矫正和弯形

矫正是通过外力，消除材料或制件变形、翘曲、凹凸不平等缺陷的加工方法。

弯形是将各种平直的板料或型材弯成所需形状的加工方法。弯形分为冷弯与热弯两种，冷弯是把材料在常温状态下进行弯曲成形，热弯则是将材料预热后进行的弯曲成形。

（三）装配性操作

装配是将若干个合格的零件按规定的技能要求结合成部件，或将若干个零件和部件结合成机器设备，并经过调整、试验等成为合格产品的工艺过程。装配是机器制造中的最后一道工序，因此它是保证机器达到各项技能要求的关键。装配的好坏，对产品的质量起着至关重要的作用。拆卸是装配的逆过程，是将整机分解成部件或零件的方法。

（四）维修性操作

维修是维护和修理的总称。维护是为防止设备性能劣化或降低设备失效的概率，按事先规定的计划或相应技术条件的规定进行的技术管理措施。修理是指机械设备出现故障或技术状况劣化到某一临界状态时，由钳工对机械设备进行修复、调整，使机械设备恢复其规定的技术性能和完好的工作状态进行的一切活动。由于修理往往以机械设备的检查结果作为依据，而在工作中又与检查相结合，因此修理又称检修。

三、任务实施

组织学生观看多媒体课件，并参观钳工现场，让学生弄清钳工任务。

四、拓展知识

（一）钳工的等级

钳工共设五个等级，分别为：初级（国家职业资格五级）、中级（国家职业资格四级）、高级（国家职业资格三级）、技师（国家职业资格二级）、高级技师（国家职业资格一级）。

（二）钳工鉴定方式

钳工鉴定方式分理论知识考试和技能操作考核。理论知识考试采用闭卷笔试方式，技能操作考核采用现场实际操作方式。理论知识考试和技能操作考核均实行百分制，成绩皆达 60 分以上者为合格。技师、高级技师鉴定还须进行综合评审。

任务二　了解钳工工作的场地及设备

一、任务导入

本任务可通过多媒体课件和现场讲解，让学生弄清钳工工作场地及设备。

二、相关知识

（一）钳工工作场地

钳工工作场地由钳工工位区、划线区、台钻区、刀具刃磨区等构成，各区域由黄线分隔开，各区域之间留有安全通道。如图 1-2 所示。

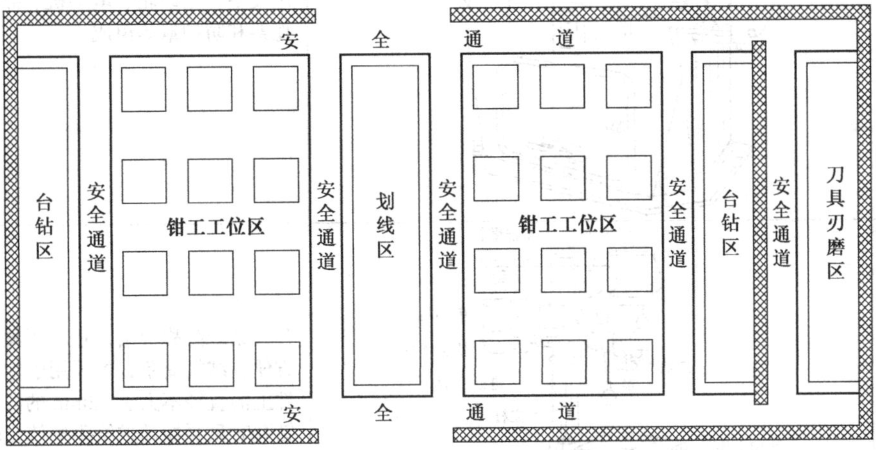

图 1-2　钳工工作场地平面图

（二）钳工常用的设备

钳工常用的设备如表 1-1 所示。

表 1-1　钳工常用的设备

序号	名称	设备图示	说明
1	钳桌	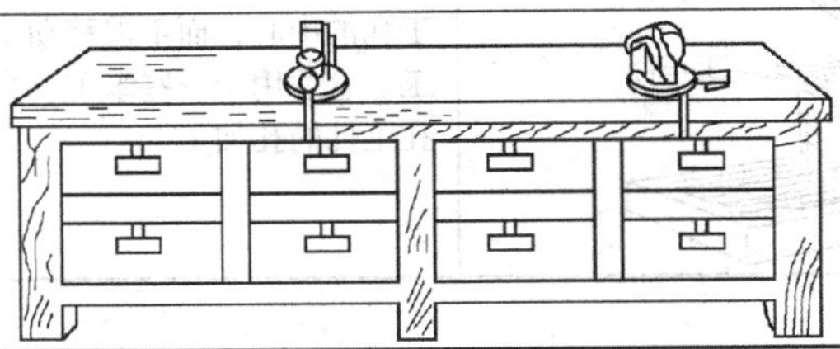	（1）钳桌用来安装台虎钳和放置各种工具和工件。 （2）钳桌可分为钢结构和木制结构的，台面覆盖铁皮，其高度为 800～900mm，长度和宽度可随工作的需要而定

续表

序号	名称	设备图示	说明
2	台虎钳	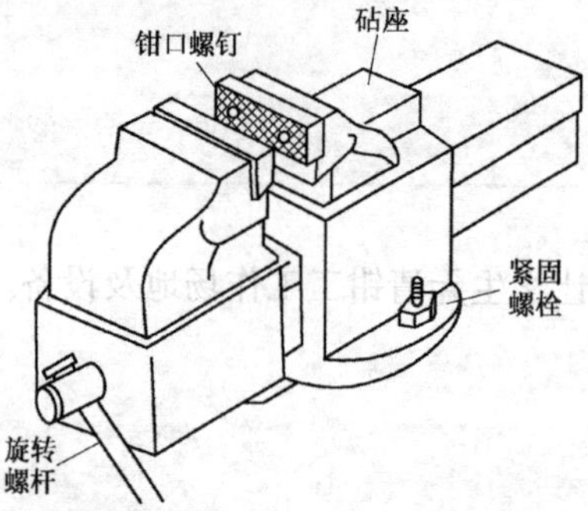	（1）它安装在钳桌边缘上，用来夹持工件。 （2）夹紧工件时，只允许依靠手的力量来扳动手柄，不能用锤子敲击手柄或套上长管子来扳动手柄，以免丝杠、螺母或钳身等损坏。 （3）不允许在活动钳身的光滑平面上进行敲击作业。 （4）丝杠、螺母和其他活动表面上要经常加油并保持清洁
3	砂轮机	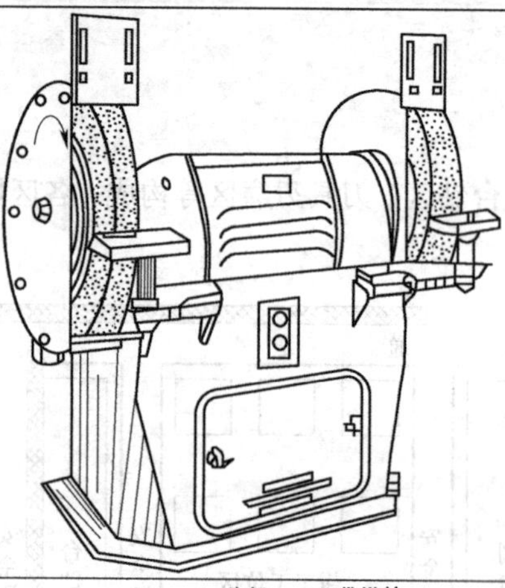	砂轮机是用来刃磨钳工刀具、工具的常用设备，由砂轮、电动机、砂轮机座、托架和防护罩等组成
4	台式钻床	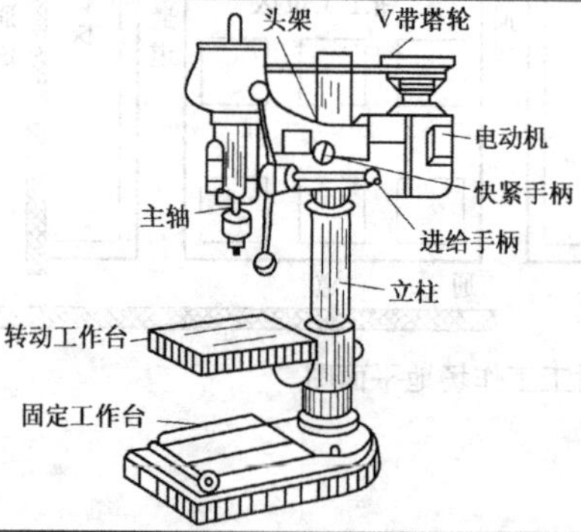	台式钻床简称台钻，它小巧灵活，使用方便，结构简单，主要用于加工小型工件上的直径不大于12mm的各种小孔。钻孔时只要拨动进给手柄使主轴上下移动，就可实现进给和退刀
5	摇臂钻床	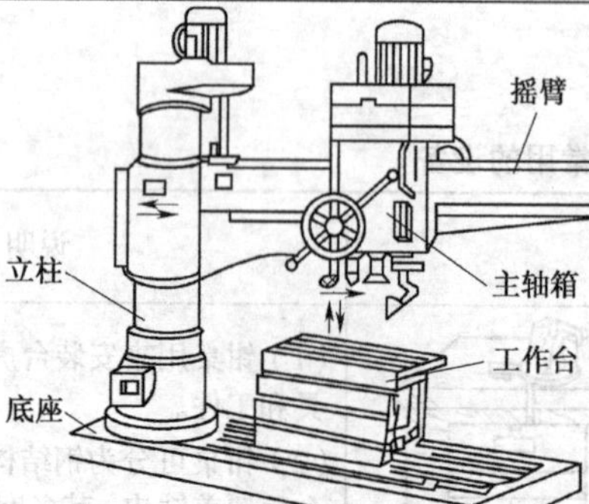	它有一个能绕立柱旋转的摇臂，摇臂带着主轴箱可沿立柱垂直移动，同时主轴箱还能在摇臂上作横向移动。操作时能很方便地调整刀具的位置，以对准被加工孔的中心，而不需移动工件来进行加工。它适用于一些笨重的大工件以及多孔工件的孔加工

（三）钳工安全操作规程

① 虎钳应用螺栓稳固在钳工桌上，当夹紧工件时，工件应夹在钳口的中心，不得用力施加猛力。加紧手柄不得用锤或其他物件击打，不得在手柄上加套管或用脚蹬。应经常检查和复紧工件。所夹工件，不得超过钳口最大行程的 2/3。

② 在同一工作台两边的虎钳上凿、铲加工物件时，中间设防护网，单面工作台要一面靠墙放置。

③ 使用手锤、大锤时严禁戴手套，手和锤柄均不得有油污。甩锤方向附近不得有人停留。

④ 锤柄应采用胡桃木、檀木或蜡木等，不得有虫蛀、节疤、裂纹。锤的端头内要用楔铁楔牢，使用中应经常检查，发现木柄有裂纹必须更换。

⑤ 使用锉刀、刮刀、錾子、扁铲等工具时，不得用力过猛；錾子或扁铲有卷边毛刺或有裂纹缺陷时，必须磨掉。凿削时，凿子、錾子或扁铲不宜握得过紧，操作中凿削方向不得有人。

⑥ 使用钢锯锯削工件时，工件应加紧，用力要均匀，工件将要被锯断时，用手或支架托住。

⑦ 使用喷灯烘烤机件时，应注意火焰的喷射方向，周围环境不得有易燃、易爆物品。

⑧ 砂轮机必须安装钢板防护罩，操作砂轮机严禁站在砂轮机的直径方向操作，并应戴防护眼镜。磨削工件时，应缓慢接近，不要猛烈碰撞，砂轮与磨架之间的间隙以 3mm 为宜。不得在砂轮上磨铜、铅、铝、木材等软金属和非金属物件。砂轮磨损直径大于夹板 25mm 时，必须更换，不得继续使用。更换砂轮时应切断电源，装好试运转确认无误，方准使用。

⑨ 操作钻床，严禁戴手套，袖口应扎紧；长发者必须戴工作帽，并将头发挽入帽内。小型工件钻孔时，应使用平口钳或压板压住，严禁用手直接握持工件。钻孔时铁屑不得卷得过长，清除铁屑应用钩子或刷子，严禁用手直接清除。钻孔要选择适当的冷却剂冷却钻头。停电或离开钻床时必须切断电源，锁好箱门。

⑩ 操作手电钻、风钻等钻具钻孔时，钻头与工件必须垂直，用力不宜过大，人体和手不得摆动；孔将被钻通时，应减小压力，以防钻头扭断。

⑪ 使用扳手时，扳口尺寸应与螺帽尺寸相符，不得在扳手的开口中加垫片，应将扳手靠紧螺母或螺钉。扳手在每次扳动前，应将活动钳口收紧，先用力扳一下，试其紧固程度，然后将身体靠在一个固定的支撑物上或双脚分开站稳，再用力扳动扳手。高处作业时，应使用呆扳手或梅花扳手，如用活扳手必须用绳子拴牢，操作人员必须站在安全可靠位置，系好安全带。使用套筒扳手时，扳手套上螺母或螺钉后，不得有晃动，并应把扳手放到底。螺母或螺钉上有毛刺时，应进行处理，不得用手锤等物将扳手打入。扳手不得加套管以接长手柄，不得用扳手拧扳手，不得将扳手当手锤使用。

⑫ 设备安装前开箱检查清点时，必须清除箱顶上的灰尘、泥土和其他物件。拆除的箱板应及时清理码放于指定地点。拆箱后，未正式安装的设备必须用垫物垫平、垫实、垫稳。

⑬ 安装天车轨道和天车时，首先应会同有关人员检查验收用于安装的脚手架是否符合要求，合格后方准使用。从事天车轨道和天车工作的操作人员，应佩带工具袋，将随身携带的工具和零星材料放人工具袋内。不能随身携带工具袋时，可将工具和材料装入袋中，用绳索起吊运送，严禁上下抛掷递送。严禁在天车的轨道上行走或操作。

⑭ 检查设备内部时，应使用安全行灯或手电筒照明，严禁使用明火取光照射。

⑮ 设备往基础上搬运，尚未取放垫板时，手指应放在垫铁的两侧，严禁放在垫铁的上、下

方。垫铁必须垫平、垫实、垫稳，对头重脚轻的设备、容易倾倒的设备，必须采取可靠的安全措施，垫实撑牢，并应设防护栏和标志牌。

⑯ 拆卸的设备部件，应放置平稳，装配时严禁把手插入连接面或探摸螺栓孔。

⑰ 在吊车、倒链吊起的部件下进行检测、清洗或组装作业时，应将链子打结，并且用预先准备的道木或支架垫平、垫稳，确认安全无误后，方可进行操作。

⑱ 设备清洗、脱脂的场地必须通风良好，严禁烟火，并设置警示牌。用煤油或汽油做清洗剂的，如用热煤油，加温后油温不得超过 40℃。不得用火焰直接对盛煤油的容器加热（中间必须用铁板隔开），用热机油做清洗剂时，油温不得超过 120℃。清洗用过的棉纱、布头、油纸等要集中收集在金属容器内，不得随意乱扔。

⑲ 设备安装试运转时，必须按照试运转的安全技术措施方案执行。有条件时，应先用人力盘动；无法用人力盘动的大设备，可使用机械，但必须确认无误后，方可加上动力源，从低速到高速，从轻载到满负荷，缓慢谨慎地逐步进行，并应做好试运转的各项记录。在试运转前，应对安全防护装置做可靠性试验。试运转区域应设明显标志，非操作人员不得进入。

⑳ 量具在使用时不能与工具或工件混放在一起，应放在量具盒上或放在专用的板架上。量具每天使用完毕后，应擦试干净，并放入专用盒中。

三、任务实施

组织学生观看多媒体课件，并参观钳工现场，让学生熟悉并了解钳工工作的场地、设备。

四、拓展知识

（一）台虎钳安全操作规程

① 工作前要穿戴好劳动保护用品。

② 使用前应检查台虎钳各部位。

③ 工作中应注意周围人员及自身安全，防止铁屑飞溅伤人。

④ 台虎钳必须牢固地固定在钳台上，使用前或使用过程中调整角度后应检查锁紧螺栓、螺母是否锁紧，工作时应保证钳身无松动。

⑤ 使用虎钳装夹工件，要牢固、平稳，装夹小工件时须防止钳口夹伤手指，夹重工件必须用支柱或铁片垫稳，人要站在安全位置。

⑥ 所夹工件不得超过钳口最大行程的三分之二，夹紧工件时只能用手的力量扳紧手柄，不允许用锤击手柄或套上长管的方法扳紧手柄以防丝杆、螺母或钳身受损。

⑦ 在进行强力作业时应使力量朝向固定钳身，防止增加丝杆和螺母的受力以致造成螺母的损坏。

⑧ 在活动钳身的光洁平面上不能进行敲击，以免它与固定好的钳身发生松动造成不安全。

⑨ 锉削时，工件的表面应高于钳口面，不得用钳口面作基准面来加工平面，以免锉刀磨损

和台虎钳损坏。

⑩ 松、紧台虎钳时应扶住工件，防止工件跌落伤物、伤人，丝杆、螺母和其他活动表面应加油润滑和防锈。

⑪ 工作结束后清理台虎钳台身及周边卫生，尤其是废工件和铁屑等。

（二）砂轮机安全操作规程

① 砂轮机要有专人负责，经常检查，以保证其能正常运转。

② 更换新砂轮时，应切断总电源，同时安装前应检查砂轮片是否有裂纹，若肉眼不易辨别，可用坚固的线把砂轮吊起，再用一根木头轻轻敲击、静听其声。金属声则优、哑声则劣。

③ 砂轮机必须有牢固合适的砂轮罩，托架距砂轮不得超过 5mm，否则不得使用。

④ 安装砂轮时，螺母拧得不能过松或过紧，使用前应检查螺母是否松动。

⑤ 砂轮安装好后，一定要空转试验 23min，看其运转是否平衡，保护装置是否妥善可靠，测试运转时，应安排两名工作人员，其中一人站在砂轮侧面开动砂轮，如有异常，由另一人在配电柜处立即切断电源。以防发生事故。

⑥ 砂轮使用者要戴防护镜，不得正对砂轮，而应站在侧面。使用砂轮机时，不准戴手套，严禁使用棉纱等物包裹刀具进行磨削。

⑦ 使用前应检查砂轮是否完好（不应有裂痕、裂纹或伤残），砂轮轴是否安装牢固、可靠。砂轮机与防护罩之间有无杂物，是否符合安全要求，确认无问题时，再开动砂轮机。

⑧ 开动砂轮机时必须在转速稳定后方可磨削，磨削刀具时操作者应站在砂轮的侧面，不可正对砂轮，以防砂轮片破碎飞出伤人。

⑨ 同一块砂轮，禁止两人同时使用，更不准在砂轮的侧面磨削，磨削时，操作者应站在砂轮机的侧面，不要站在砂轮机的正面，以防砂轮崩裂，发生事故，同时不允许戴手套操作，严禁围堆操作和在磨削时嘻笑与打闹。

⑩ 磨削时操作者的站立位置应与砂轮机成一夹角，且接触压力要均匀，严禁撞击砂轮，以免砂轮碎裂，砂轮只限于磨刀具、不得磨笨重的物料或薄铁板以及软质材料（铝、铜等）或木质品。

⑪ 磨刃时，操作者应站在砂轮的侧面或斜侧位置，不要站在砂轮的正面，同时刀具应略高于砂轮中心位置。不得用力过猛，以防滑脱伤手。

⑫ 砂轮不准沾水，要经常保持干燥，以防湿水后失去平衡，发生事故。

⑬ 不允许在砂轮机上磨削较大较长的物体，防止砂轮震碎飞出伤人。

⑭ 不得单手持工件进行磨削，防止脱落在防护罩内卡破砂轮。

⑮ 必须经常修整砂轮磨削面，当发现刀具严重跳动时，应及时用金刚石笔进行修整。

⑯ 砂轮磨薄，磨小，使用磨损严重时，不准使用，应及时更换，保证安全。

⑰ 磨削完毕，应关闭电源，不要让砂轮机空转，同时应经常清除防护罩内的积尘，并定期检修更换主轴润滑油脂。

（三）台式钻床安全操作规程

① 操作员操作前必须熟悉台式钻床的性能、用途及操作注意事项，生手严禁单独上机操作。

② 操作人员操作时要穿适当的衣服，不准戴手套。

③ 操作前先启动吸尘系统。

④ 开机前先检查铭牌上的电压和频率是否与电源一致。

⑤ 台式钻床电源插头、插座上的各触脚应可靠，无松动和接触不良现象。

⑥ 电线要远离高温、油腻、尖锐边缘，台式钻床要接地线，切勿用力猛拉插座上的电源线。

⑦ 当发生事故时，应立即切断电源，再进行维修。

⑧ 台式钻床在工作或检修时，工作场地周围要装上防护罩。

⑨ 保持工作区内干净整洁，不要在杂乱、潮湿、微弱光线、易燃易爆的场所使用机床。操作者头发不宜过长，以免操作时被卷入。

⑩ 不要进行超出最大切削能力的工作，避免台式钻床超负荷工作。

⑪ 不要在酒后或疲劳状态下操作机器，保持台式钻床竖直向上，请勿颠覆倾倒。

⑫ 定期保养台式钻床，操持钻头锐度，切削时注意添加切削液。

⑬ 使用前认真检查易损部件，以便及时修理或更换。

⑭ 钻直径较大的孔时，应用低速进行切削。

⑮ 台式钻床工作前必须锁紧应该锁紧的手柄，工件应夹紧。

⑯ 操作人员因事要离开岗位时必须先关机，杜绝在操作中与人攀谈。

⑰ 台式钻床运转异常时，应立即停机交专业人员检修，检修时确保电源断开。

⑱ 下班前必须把机器周围的铁屑清理干净，电动机上不准积存铁屑，并且做好设备的日常保养工作。

⑲ 台式钻床为专人专用机械，非操作人员严禁开机操作。

自测题

1. 什么是钳工？钳工的主要任务有哪些？
2. 钳工可分为哪几种？钳工有哪几种操作？
3. 简述钳工常用的设备。
4. 简述钳工的工作场地。
5. 简述钳工安全操作的规程。

项目二

辅助性操作

【能力目标】

1. 掌握划直线和圆的方法。
2. 学会平面划线方法。
3. 掌握立体划线方法。

【知识目标】

1. 熟悉并掌握钳工常用量具的使用方法。
2. 了解常用划线工具的作用和用法。
3. 了解划线基准的确定方法。

项目引入

本项目通过钳工常用量具使用、平面划线和立体划线等 3 个任务让学生熟悉并掌握钳工常用量具的使用方法、划线方法等钳工辅助性操作。

任务一　钳工常用量具使用

一、任务导入

要求学会钳工常用量具的使用方法。

二、相关知识

钳工常用的量具如表 2-1 所示。

表 2-1　　常用钳工的量具

序号	名称	图示	说明
1	钢直尺		钢直尺用于较准确的测量，由不锈钢制成，分为 150mm、300mm、500mm 和 1000mm 四种规格
2	游标卡尺	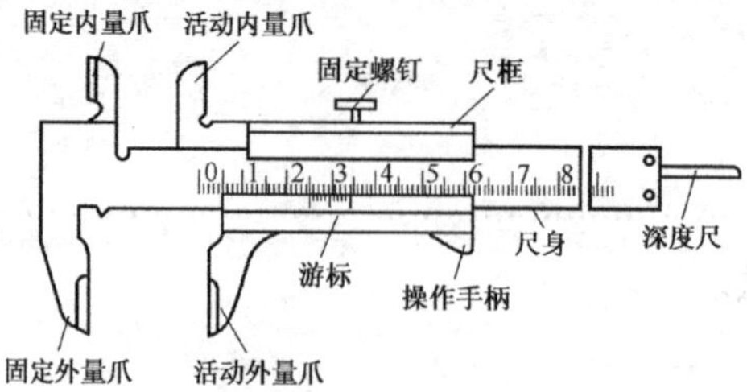	（1）游标卡尺用于直接测量零件的外径、内径、长度、宽度、深度和孔距等。 （2）常用的游标卡尺的测量范围有 0～125mm、0～200mm 和 0～300mm 三种规格。 （3）游标卡尺有 0.1mm、0.05mm 和 0.02mm 三种精度等级
3	千分尺	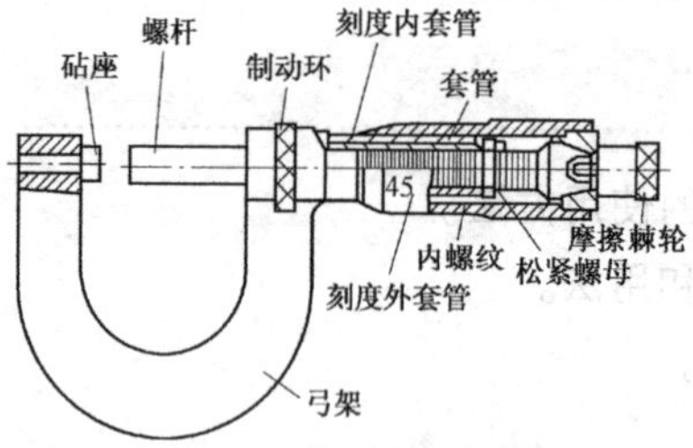	千分尺用于精密测量外径，准确度可达 1/100mm
4	外、内卡钳	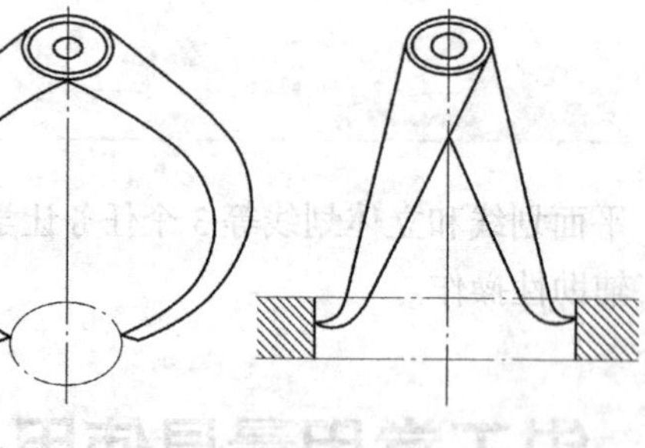 （a）　（b）	（1）外卡钳用来测量外圆（图 a） （2）内卡钳用来测量内圆（图 b）
5	万能角度尺	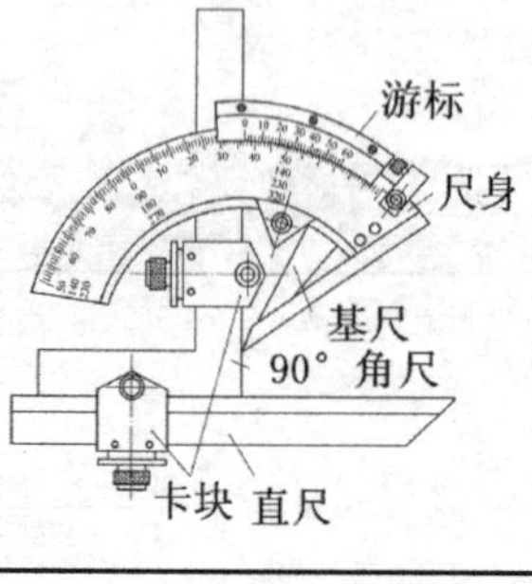	万能角度尺是用来测量工件或样板的内、外角度及角度划线的量具。其测量精度有 2′ 和 5′ 两种，测量范围为 0°～320°

续表

序号	名称	图示	说明
6	塞尺	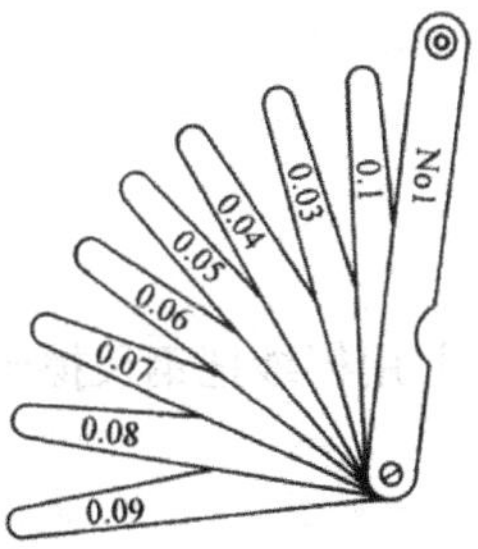	塞尺用来检验两个结合面之间的间隙大小，钳工也常将工件放在标准平板上，然后用塞尺检测工件与平板之间的间隙来确定工件表面平面度误差。 塞尺有两个平行的测量平面，如图所示，其长度有 50mm、100mm 和 200mm，厚度为 0.03mm～0.1mm，中间每片相隔 0.01mm；厚度为 0.1mm～1mm，中间每片相隔 0.05mm
7	百分表	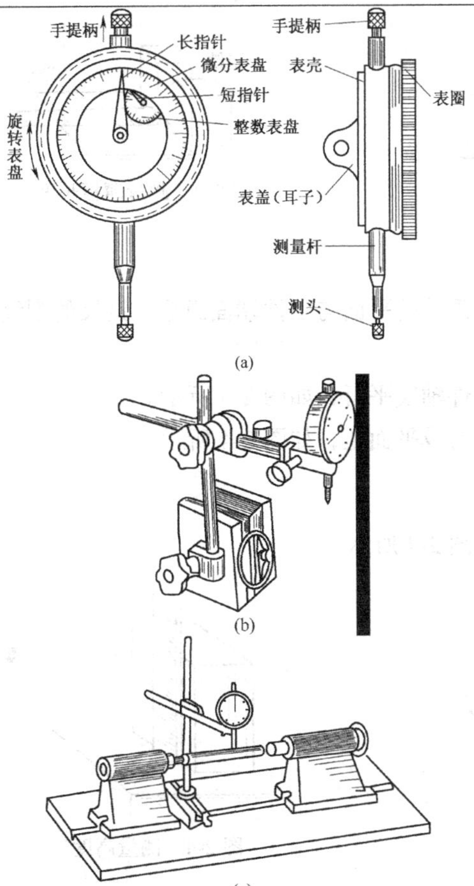(a) (b) (c)	（1）百分表用于在对零件加工或机器装配、修理时检验尺寸精度和形状精度。测量精度为 0.01mm。 （2）按制造精度不同，百分表可分为 0 级（IT6～IT4）、1 级（IT6～IT16）和 2 级（IT7～IT16）。 当测量精度为 0.001mm 和 0.005mm 时，称为千分表。 （3）使用时可装在表架上或磁性表架上，如图 b、c 所示，表架上的接头和伸缩杆可以调节百分表的上下、前后及左右位置，表架放在平板上或某一平整位置上。 （4）使用时应注意： ① 百分表装在表架上后，一般转动表盘，使指针外于零位。 ② 测量平面或圆柱工件时，百分表的测量头与平面垂直圆与圆柱形工件中心线垂直。 ③ 齿杆的升降范围不宜太大
8	框式水平仪	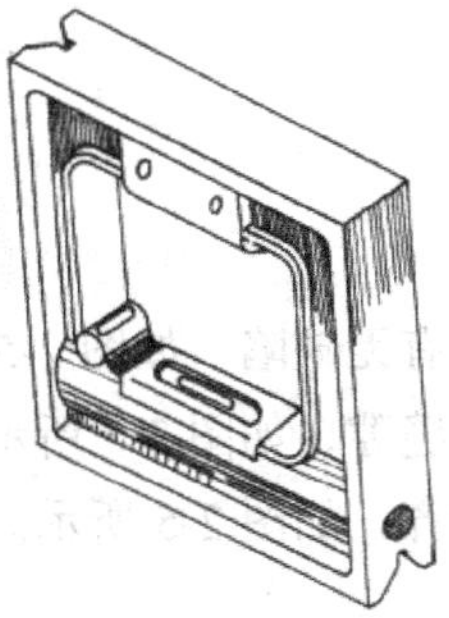	水平仪主要用来检验平面对水平或垂直位置的误差，也可用来检验机床导轨的直线度误差、机件的相互平行表面的平行度误差、相互垂直表面的垂直度误差以及机件上的微小倾角等。 水平仪有条形水平仪、框式水平仪和光学合像水平仪 3 种，钳工常用的是框式水平仪。 框式水平仪由框架和水准器（封闭的玻璃管）组成。框架的测量面上刻有 V 形槽，便于测量圆柱形零件

三、任务实施

（一）用钢直尺测量工件

1. 检查钢尺

检查刻度、端面、刻度侧面有无缺陷及弯曲，并用棉纱把钢尺擦干净，如图 2-1 所示。

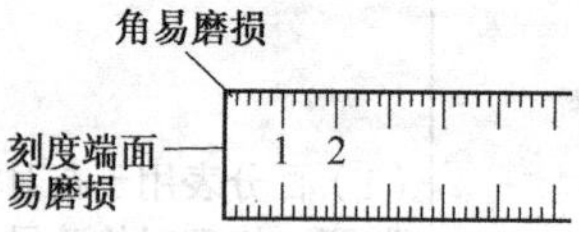

图 2-1 检查钢尺

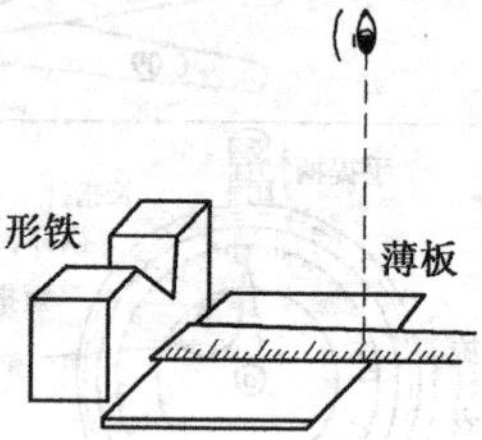

图 2-2 测量薄板长度

2. 安放钢尺

（1）测量薄板长度时，将 V 形铁或角铁的平面与工件端面靠紧，钢尺的刻线端与 V 形铁贴紧，如图 2-2 所示。

（2）测量圆棒长度时，钢尺要与工件轴线平行，如图 2-3 所示。

（3）测量高度时，将钢尺垂直于平台或平面上，如图 2-4 所示。

3. 读数

从刻度线的正面正视刻度读出，如图 2-4 所示。

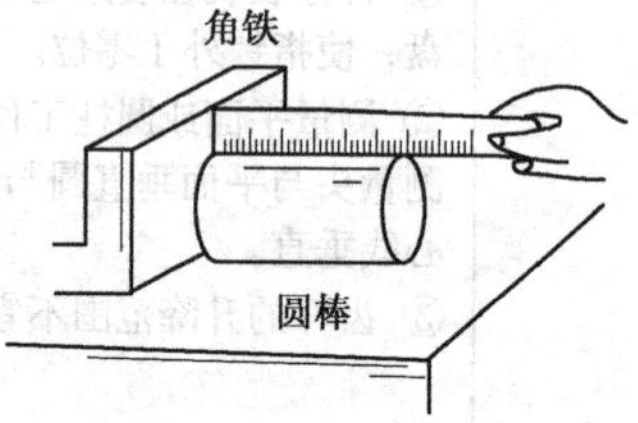

图 2-3 测量圆棒长度

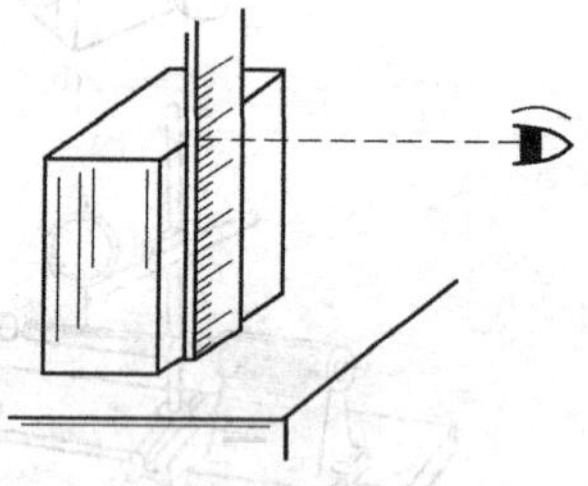
图 2-4 测量高度

（二）用游标卡尺测量工件

1. 检查游标尺

（1）松开固定螺钉。

（2）用棉纱将移动面与测量面擦干净，并检查有无缺陷，如图 2-5 所示。

（3）将两卡爪合拢，透光检查两测量面间有无缝隙，如图 2-5 所示。

（4）将两卡爪合拢后，检查两零刻度线是否对齐，如图 2-5 所示。

2. 夹住工件

（1）将工件置于稳定状态。

（2）左手拿主尺的卡爪，右手的大拇、食指拿副尺卡爪。

（3）移动副尺卡爪，把两测量面张开至比被测量工件的尺寸稍大。

（4）主尺的测量面靠上被测工件，右手的大拇指推动副尺卡爪，使两测量面与被测工件贴合，如图 2-6 所示。

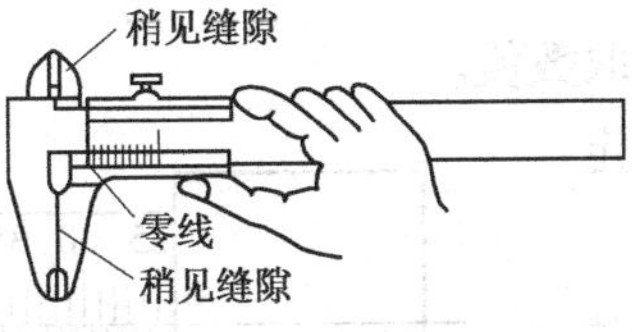

图 2-5　检查游标尺

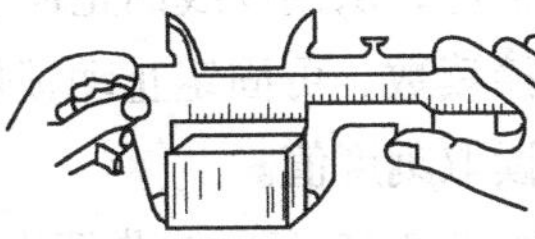
图 2-6　夹住工件

（5）对于小型工件，可以用左手拿着工件，右手操作副尺卡爪，如图 2-7 所示。

3. 读数

（1）夹住被测工件，从刻度线的正面正视刻度读取数值。

（2）如正视位置读数不便，可旋转固定螺钉后，将卡尺从工件上轻轻取下，再读取刻度值。

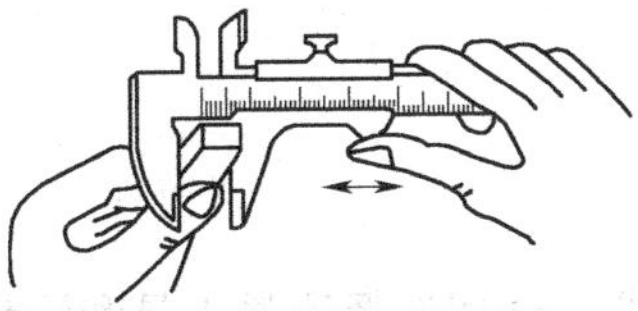
图 2-7　小型工件的夹持

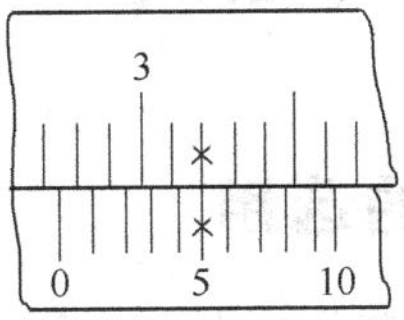

图 2-8　读数值为 0.1mm 游标卡尺读数方法

（3）读数方法如图 2-8 所示，先读出尺身上的整数尺寸，图示为 27mm；再读出副尺上与主尺上对齐刻线处的小数，图示数为 0.5mm；最后将 27mm 与 0.5mm 相加得 27.5mm。

（三）用千分尺测量工件

1. 检查千分尺

（1）松开止动锁。

（2）用棉纱将测量面及移动面擦干净，并检查有无缺陷。

（3）转动棘轮，检查测量杆转动的情况是否正常。

（4）将棘轮转至打滑为止，使两侧量面贴合，检查零线位置，如图 2-9（a）所示。

（5）对于 25～50mm 以上的千分尺，校对棒或量块应夹在两侧量面间进行检查，如图 2-9（b）所示。

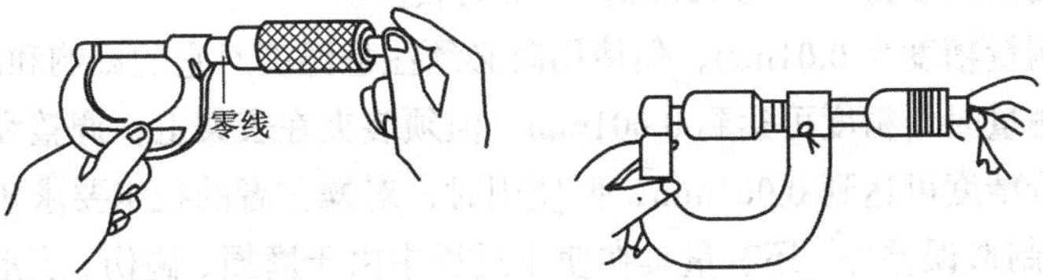

（a）　（b）

图 2-9　检查千分尺

2. 夹住工件

（1）将工件置于稳定状态。

（2）左手拿住尺架，右手转动微分筒，使开度比被测量工件的尺寸稍大。

（3）将工件置于两测量面之间，使其与被测工件贴合。

（4）将棘轮转至打滑为止。

3. 读数

（1）夹住被测工件，从刻度线的正面正视刻度读取数值。

（2）如不能直接读数，可固定止动锁使测量杆固定后，再轻轻取下，读取刻度值。

（3）读数方法如图 2-10 所示，先读出微分筒边缘在固定套管的多少尺寸后面，图示为 38.5mm；再看微分筒上哪一格与固定套管上的基准线对齐，图示为 0.29mm；最后把两个读数相加即得到实测尺寸为 38.79mm。

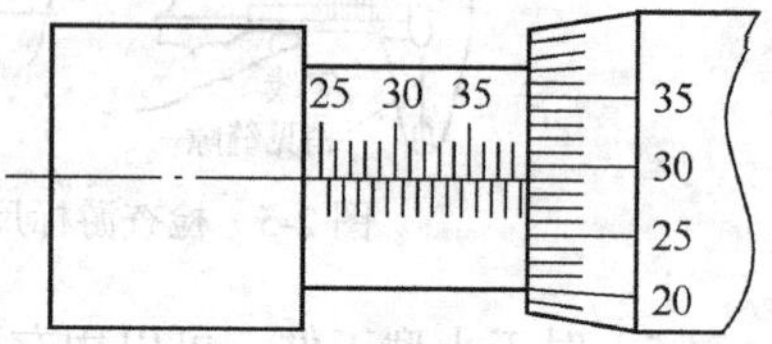

图 2-10　读数方法

四、拓展知识

（一）量具的选用

根据被测量部位的大小、形状、位置和精度要求，合理选择测量工具和测量方法是获得正确测量结果、提高产品质量的重要保证。在测量中，因为测量工具和测量方法选用不当，有时甚至会把合格品误认为是废品，把废品当作合格品，或者损坏测量工具。

由于量具本身存在误差等原因，测量工件所得到的尺寸往往与工件的实际尺寸不完全相同，这种测量数值与实际数值之差叫测量误差。不管选用哪一种量具进行测量，都存在一定的测量误差。但是误差的数值并不一定对工件的使用都有很大的影响。例如，在测量铸件毛坯时，0.5～1mm 的误差对铸件尺寸根本没有多大影响，所以选用钢直尺和卡钳就足够了。但是，当测量精度要求为百分之几甚至千分之几毫米的工件时，用钢直尺和卡钳就不行了，因为这种量具本身的误差就超过了工件的允许误差。

因此，选用量具时，不仅要知道工件所要求的精度，而且还要知道量具的测量精度。量具的测量精度要保证工件的精度。

选用量具时，须考虑以下几点：

① 钢尺的测量精度为 0.25～1mm，可用于测量工件的长度、宽度和厚度等。

② 游标卡尺测量精度为 0.1～0.02mm，但费时较多。

③ 千分尺的测量精度为 0.01mm，但使用时必须注意温度对它的影响和测量力的大小。

④ 用百分表测量时，精度可达到 0.001mm，但须装夹在表架上，调整和测量比较费事。

⑤ 量块的测量精度可达到 0.001mm，但使用时，对操作者的技术要求较高。

除量具本身的制造误差外，还有量具在使用过程中由于磨损、碰伤、变形所造成的约误差。另外温度、照明、测量者的视力、 工件与仪表的安装地点和相对位置，都可能产生误差，都会影响测量精度。因此，在选用量具时，必须给以适当的考虑。

（二）量具的保养

量具的使用和保养直接关系着它的寿命和测量精度。因此，在使用和保管量具时，必须做到以下几点：

① 量具在使用前后，必须用清洁棉纱擦干净。

② 不准在机器开动时用量具测量工件。

③ 测量时，不能用力过大或推力过猛。

④ 不能用精密量具测量粗糙毛坯和生锈的工件。

⑤ 精密量具不能测量温度过高的工件。

⑥ 量具的清洗与注油不能使用脏油。

⑦ 不要用手摸量具的测量面，因为手上有汗、潮湿等脏物会污染测量面，使它锈蚀。

⑧ 禁止将量具和其他工具混放，以免碰伤。

⑨ 量具的存放地点要求清洁、干燥、无振动、无腐蚀性气体。不要把量具放在高温或低温处，也不要把量具放在磁场旁，以免被磁化后造成测量误差。

⑩ 普通量具用完后，应有条理地放在柜中或木架的固定地方。

⑪ 精密量具用完后，应擦净、涂油，放在专用盒子内。

⑫ 一切量具应严防受潮，以免生诱。

任务二　平面划线

一、任务引入

在尺寸为 105mm×75mm×10mm 的 45 钢板上划线，达到如图 2-11 所示的要求。

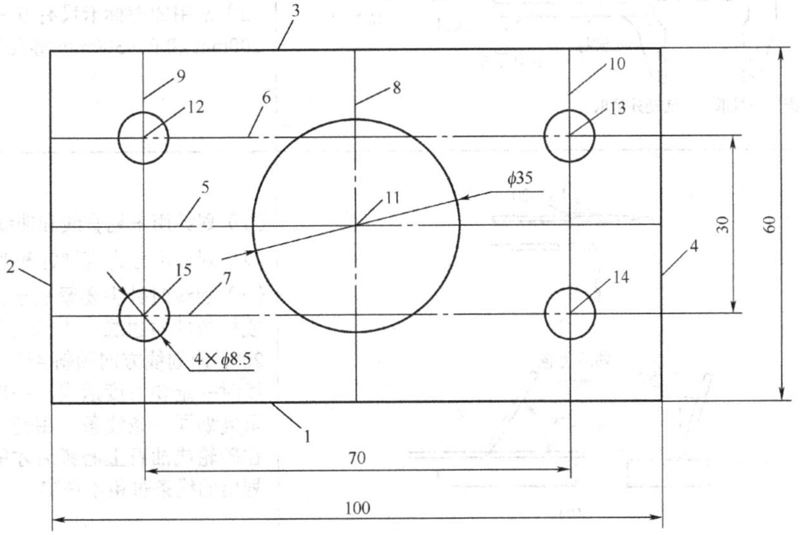

图 2-11　平面划线练习图

二、相关知识

划线是根据需要加工图样的要求，在毛坯或半成品表面上准确地划出加工界线的一种钳工辅助性操作技能。划线的作用是给加工以明确的标志和依据，便于将工件在加工时的找正和定位；检查毛坯或半成品尺寸，并通过划线借料得到补救，合理分配加工余量。划线分为平面划线和立体划线两种。

（一）常用划线工具

常用划线工具如表 2-2 所示。

表 2-2　　常用划线工具

序号	名称	图示	说明
1	划线钳桌	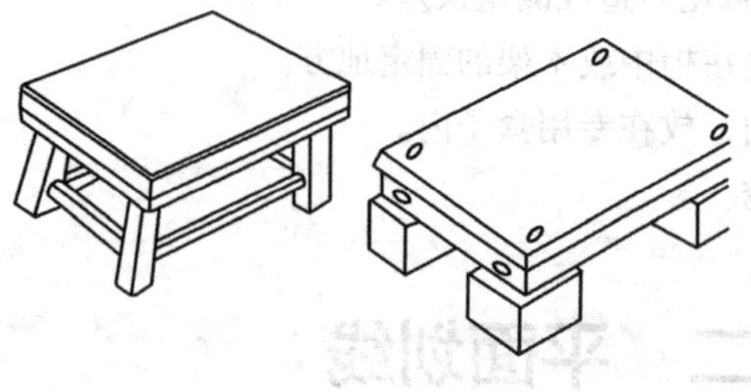 (a)　(b)	（1）它起支承作用。 （2）它由铸铁铸成，其上表面是划线及检测的基准，由精刨或刮削而成。其高度多为 600～900mm,安装平面度公差必须保证在 0.1mm /1000mm。 （3）它可分为整体式（图 a）和组合式（图 b）
2	游标卡尺	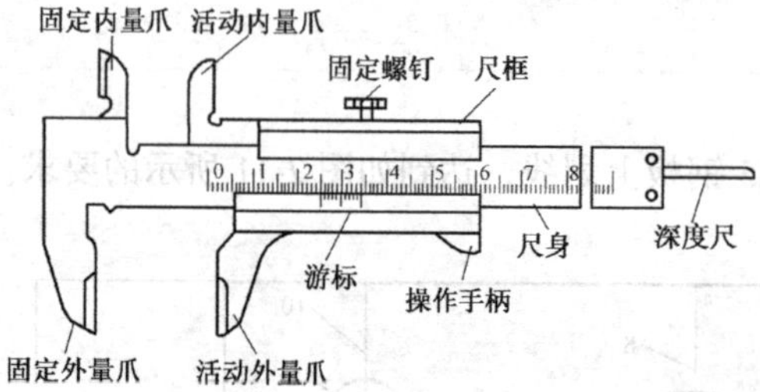	（1）该尺用来直接测量零件的外径、内径、长度、宽度、深度和孔距等。 （2）常用的游标卡尺有 0～125mm、0～200mm 和 0～300mm 等几种规格
3	划针	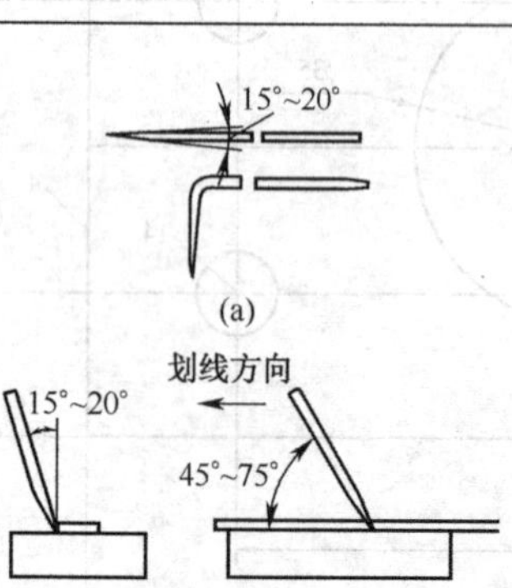	（1）划针用来划直线和曲线。 （2）划针可分为直划针和弯头划针。 （2）划线时针尖要紧贴于钢直尺的直边或样板的曲边缘，上部向外侧倾 15°～20°，向划线方向倾斜 45°～75°（b），划线时一定要力度适当、一次划成，不要重复划同一条线条。用钝了的划针，可在砂轮或油石上磨锐后才能使用，否则划出的线条过粗不精确

续表

序号	名称	图示	说明
4	划线盘	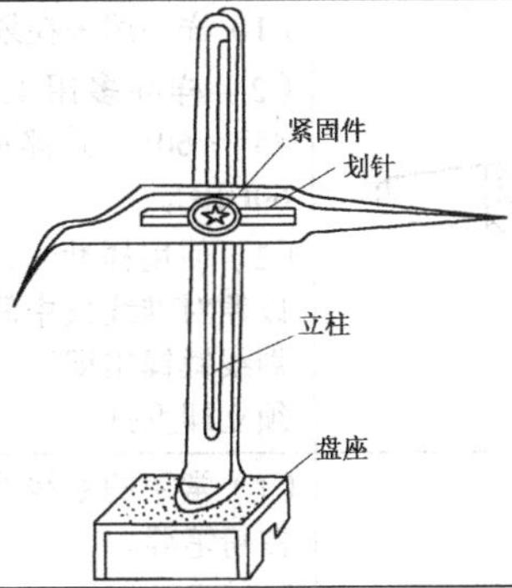	（1）划线盘用来进行立体划线和校正工件位置。 （2）夹紧螺母可将划针固定在立柱的任何位置上。划针的直头端用来划线，为了增加划线时的刚度，划针不宜伸出过长。弯头端用来找正工件的位置。 （3）划线时划针应尽量处于水平位置，不要倾斜太大，双手扶持划线盘的底座，推动它在划针平板上平行移动进行划线
5	划线锤	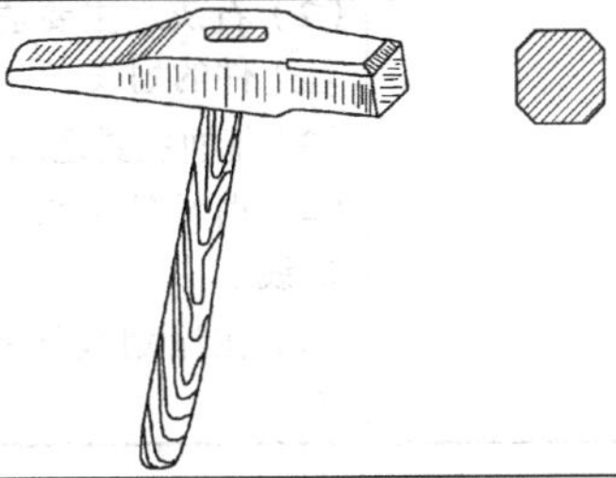	（1）它用来在线条上打样冲眼。 （2）它可用于调整划线盘划针的升降
6	高度游标卡尺	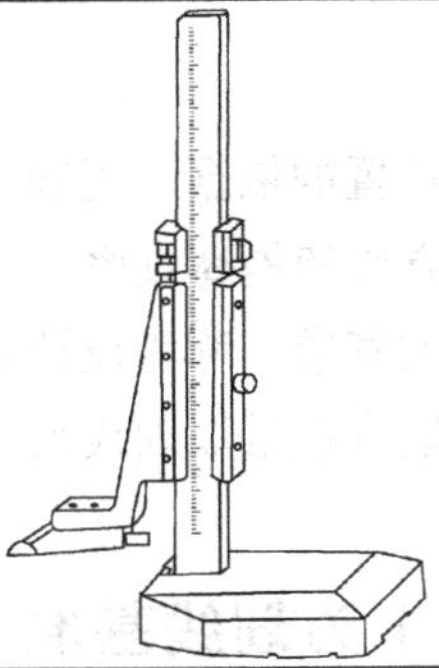	（1）它用于精密划线与测量。 （2）它不允许用于毛坯划线
7	V形块	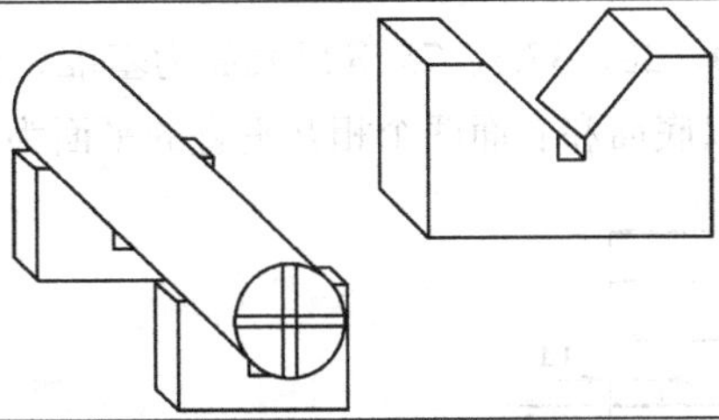	V 形块用来在划线时支承圆形工件的工具，一般用铸铁成对制成
8	划规	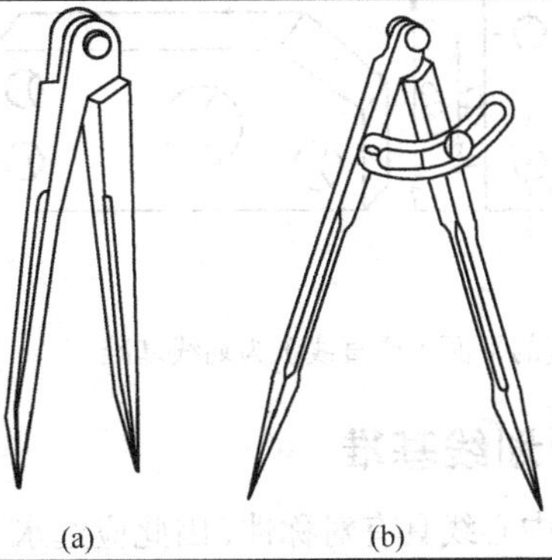 (a) (b)	（1）划规用来划圆、圆弧、等分线段、角度及量取尺寸等。 （2）划规可分为普通划规（图 a、b）、弹簧划规和大小尺寸划规等几种（图 b） （3）使用划规时，掌心压住划规顶端，使划规尖扎入金属表面或样冲眼内。划圆周时常由划顺、逆两个半圆弧而成

续表

序号	名称	图示	说明
9	样冲	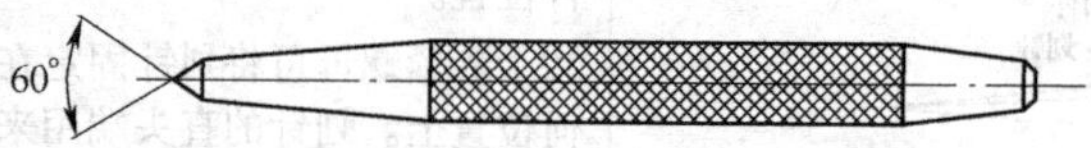	(1)样冲用来在划好的线上冲眼。 (2)样冲多用工具钢制成，冲尖磨成45°～60°，并淬火，使硬度达到 55～60HRC。 (2)使用样冲时，样冲应先向外倾斜，以便对准线条中间，对准后再立直，用划线锤锤击即可，如果有偏离或歪斜必须立即重打
10	划线涂料		(1)常用的划线涂料有石灰水、蓝油、白粉笔等。 (2)石灰水主要适用于锻件、铸件等毛坯工件的划线。 (3)蓝油主要适用于已加工表面的划线。 (4)白粉笔一般可用于小的毛坯件的划线。 (5)在涂划线涂料时，必须涂得薄而均匀

(二)划线基准

划线基准是划线时用来确定零件上其他点线面位置的依据。正确选择划线基准是划线操作的关键，有了合理的划线基准，才能使划线正确、方便和提高效率。

在零件图样上，用来确定其他点、线、面位置的基准，称为设计基准。选择划线基准的原则是应尽可能使划线基准和设计基准重合，这样就能直接量取划线尺寸，简化换算过程。划线基准一般根据以下三种类型选择：

1. 以两个相互垂直的平面(或直线)为划线基准

如图 2-12 所示的零件高度方向尺寸 40、20、37.5、75 等以底面为基准，长度方向的尺寸 200、160、75、14 以右面为基准，因此应以底面和右面两个相互垂直的平面为划线基准。

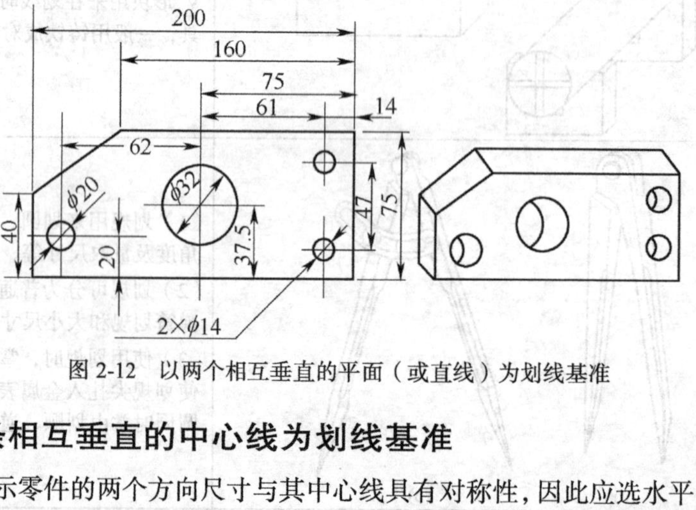

图 2-12 以两个相互垂直的平面(或直线)为划线基准

2. 以两条相互垂直的中心线为划线基准

如图 2-13 所示零件的两个方向尺寸与其中心线具有对称性，因此应选水平中心线和垂直中心线分别为该零件两个方向上的划线基准。

3. 以一个平面（或直线）和一条中心线为划线基准

如图 2-14 所示的零件宽度方向的尺寸 10、90、120 以中心线对称，而高度方向的尺寸 12、110 以底面为基准来确定。因此应选以底平面和中心线分别为该零件两个方向上的划线基准。

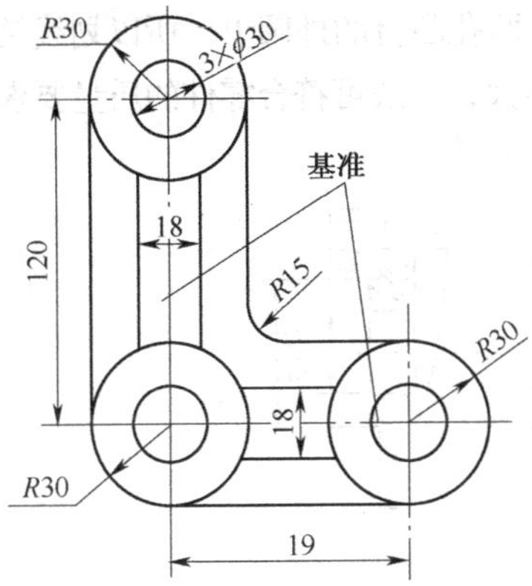

图 2-13　以两条相互垂直的中心线为划线基准

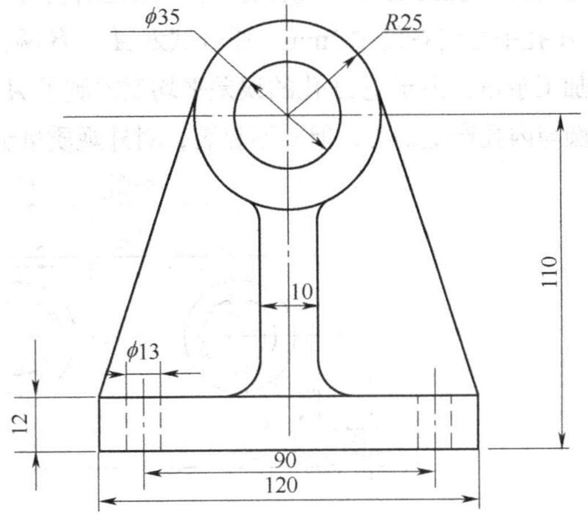

图 2-14　以一个平面（或直线）和一条中心线为划线基准

平面划线时一般选择两个划线基准，立体划线时一般选择三个划线基准。

（三）找正

找正就是利用划线工具，通过支撑工具，使工件或毛坯上有关表面与基准面之间调整到合适位置。

当毛坯件上有不加工表面时，通过找正后再划线，可使加工表面与不加工表面之间保持尺寸均匀。

当毛坯件上没有不加工表面时，将各个待加工表面位置找正后再划线，可以使各待加工表面的加工余量得到均匀分布。

当毛坯件上存在两个以上不加工表面时，其中面积较大、较重要的或表面质量要求较高的面应作为主要的找正依据，同时尽量兼顾其他的不加工表面。

这样经划线加工后的加工表面和不加工表面才能够达到尺寸均匀、位置准确、符合图纸要求，而把无法弥补的缺陷反映到次要的部位上去。

（四）借料

借料就是通过试划和调整，将工件各部分的加工余量在允许的范围内重新分配，互相借用，以保证各个加工表面都有足够的加工余量，在加工后排除工件自身的误差和缺陷。当然当毛坯误差或缺陷太大，无法通过借料来补救时，也只好报废。

借料步骤：

（1）测量工件各部分尺寸，找出偏移的位置和偏移量的大小。

（2）合理分配各部位加工余量，然后根据工件的偏移方向和偏移量，确定借料方向和借料大小，划出基准线。

（3）以基准线为依据，划出其余线条。

（4）检查各加工表面的加工余量，如发现有余量不足的现象，应调整借料方向和借料大小，重新划线。

如图 2-15 所示为箱体毛坯划线借料的情况。图示 *A*、*B* 两个孔中心距为$150^{+0.30}_{-0.19}$ mm，而由于铸造缺陷，*A* 孔中心偏移了 6 mm，使毛坯工件的孔距只有 144 mm，由于 *A* 孔偏心过多，按上述一般方法划出的 *A* 孔便没有加工余量了。所以在划线时应采用借料方法来划线。即 *A* 孔中心向左借过 3 mm，*B* 孔中心向右借过 3mm，通过试划 *A*、*B* 两孔中心线和两孔圆周尺寸线，就可使两孔都有适当的加工余量，由于把 *A* 孔的误差平均反映到了 *A*、*B* 两孔凸台的外圆上，所以划线结果会使凸台外圆与内孔产生偏心，但并不显著，对外观质量影响不大，一般可符合零件的质量要求。

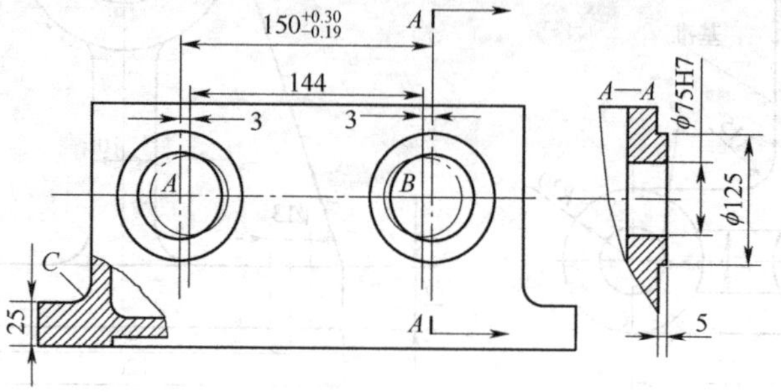

图 2-15　箱体毛坯划线借料的情况

划线时，找正和借料这两项工作是有机地结合进行的，这样才能同时使有关的各方面都满足要求，只考虑一个方面，而把其他方面忽略掉，是不可能做好划线工作的。

三、任务实施

（一）划直线

1. 用划针划直线

（1）用划针划纵直线

① 在平板上划直线时，选好位置后，左手紧紧按住钢尺，如图 2-16 所示。

② 划线时，针尖要紧贴于钢直尺的直边或样板的曲边缘，上部向外侧倾 15°～20°［见图 2-17（a）］，向划针运动方向倾斜 45°～75°［见图 2-17（b）］，划线一定要力度适当、一次划成，不要重复划同一条线条。

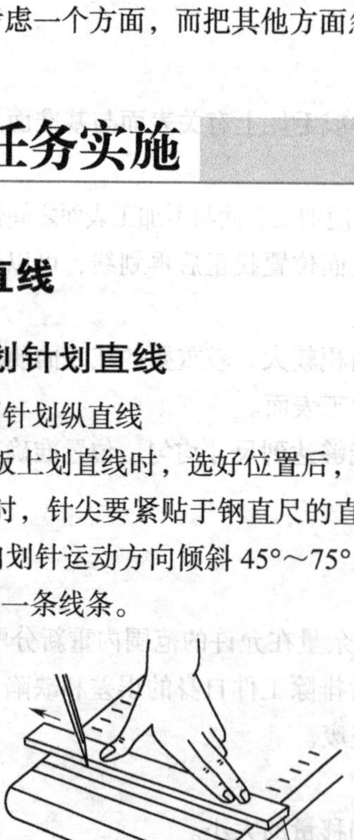

图 2-16　在平板上划直线

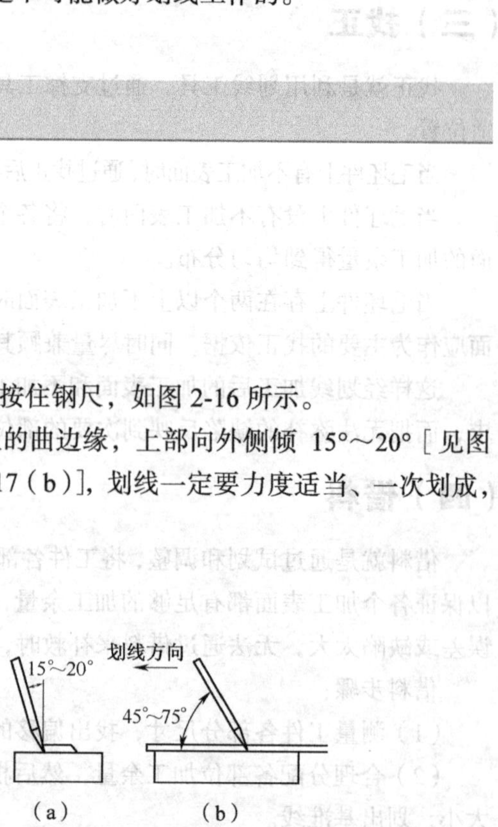

图 2-17　划线方向

③ 在圆柱形工件上划与轴线相平行的直线时，可使角钢来划，如图 2-18 所示。

（2）用划针划横直线

① 选好位置后，角尺边紧紧靠住基准面，如图 2-19（a）所示。

② 左手紧紧按住钢尺，如图 2-19（b）所示。

③ 划线时，从下向上划线，针尖要紧贴于钢直尺的直边或样板的曲边缘，上部向外侧倾 15°～20°［见图 2-17（a）］，向划针运动方向倾斜 45°～75°［见图 2-17（b）］，划线一定要力度适当、一次划成，不要重复划同一条线条。

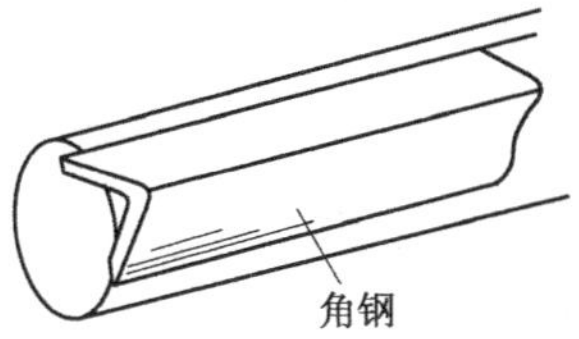

图 2-18 圆柱形工件上划与轴线相平行的直线

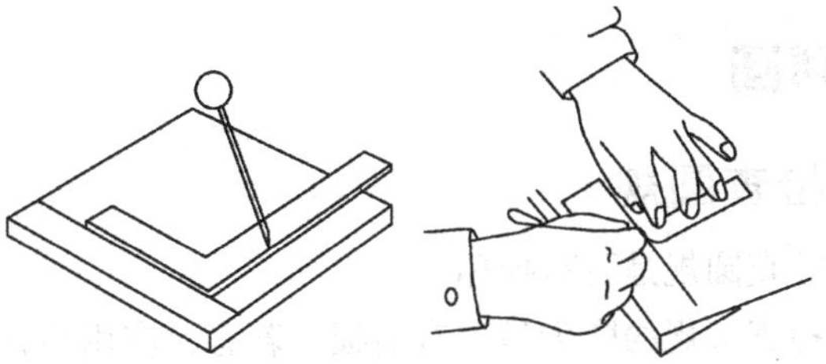

（a） （b）

图 2-19 用划针划横直线

2. 用划针盘划直线

（1）取划线尺寸

① 松开蝶形螺母，针尖稍向下对准并刚好触到钢尺的刻度。

② 用手旋紧蝶形螺母，然后用小锤轻轻敲击固紧，如图 2-20（a）所示。

③ 进行微调时，使划针紧靠钢尺刻度，用左手紧紧按住划针盘底座，同时用小锤轻轻敲击，使划针的针尖正确地接触到刻线，再固紧蝶形母，如图 2-20（b）所示。

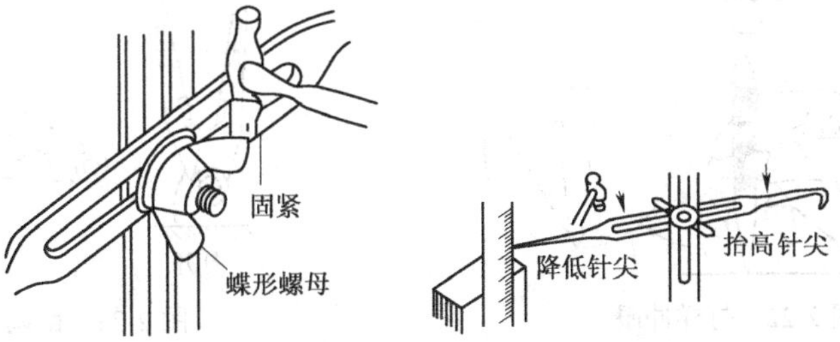

（a） （b）

图 2-20 取划线尺寸

（2）划线

① 用左手握住工件以防工件移动，当工件较薄刚性较差时，可添加 V 形块，并保持划线面与工作台垂直，如图 2-21（a）所示。

② 用右手握住划针盘底座，把它放在工作台上，如图 2-21（a）所示。

③ 使划针向划线方向倾斜 15°，如图 2-21（b）所示。

④ 按划线方向移动划针盘，使针尖在工件表面划出清晰的直线。

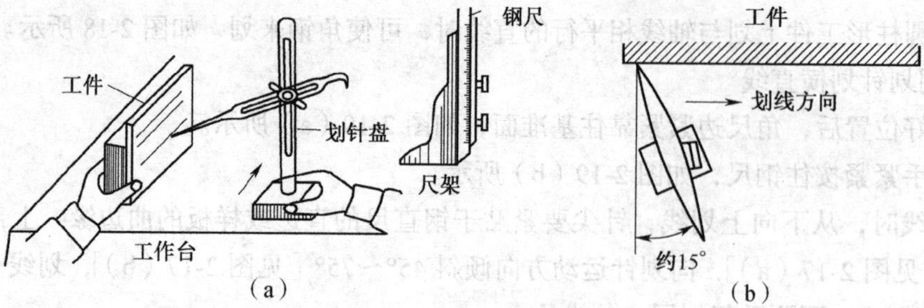

图 2-21　用划针盘划直线

（二）划圆

1. 检查圆规

（1）检查圆规是否有损坏。

（2）检查圆规的脚尖是否有磨损，若有，应用油石磨尖。

2. 在找到的圆心处打样冲眼，如图 2-22 所示

3. 将划规张开至所需尺寸

（1）一只手握住钢尺，一只手拉开圆规脚，对准尺寸刻度。

（2）划较大的圆时，将钢尺放在工作台上，用两只手张开圆规，再将圆规脚对准钢尺的尺寸。

（3）划较小的圆时，先将圆规脚张开稍大些，再用手使规脚对准钢尺的尺寸。

（4）微调时，可轻轻敲击圆规脚，使两脚对准钢尺的尺寸，如图 2-23 所示。

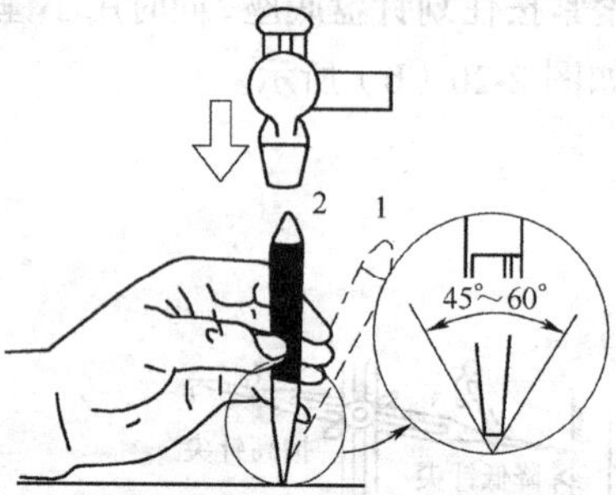

图 2-22　打样冲眼

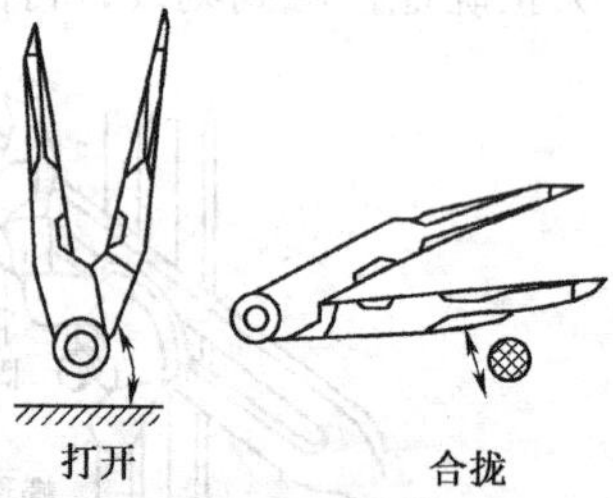

图 2-23　微调划规

4. 划圆

（1）将圆规脚尖对准样冲眼，用一只手握住圆规的头部，如图 2-24 所示。

（2）从左到右，大拇指用力，同时向走线方向稍加倾斜划圆。

（3）变换大拇指接触圆规的位置，使圆规从另一方向划剩下的半个圆。

（三）平面划线

（1）准备好各种划线时必须的划线钳桌、划线针、划针盘、划规、样冲、划线锤、角尺、三角板、白粉笔等工具量具及场地。

（2）清理毛坯。

（3）用白粉笔将划线平面均匀涂成白色。

（4）划 1、2、3、4 线，达到如图 2-25 所示要求。

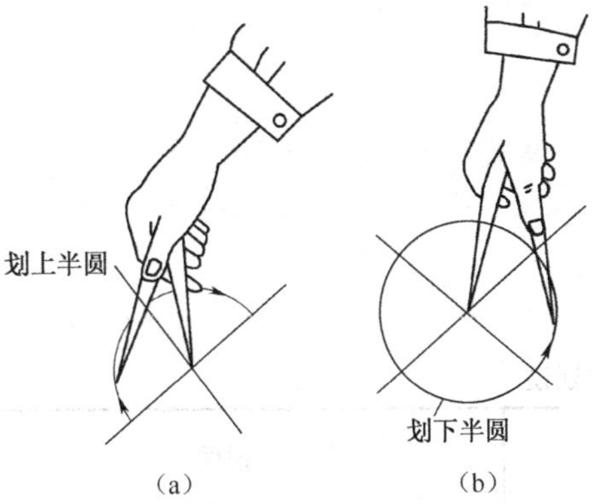

图 2-24　划圆方法

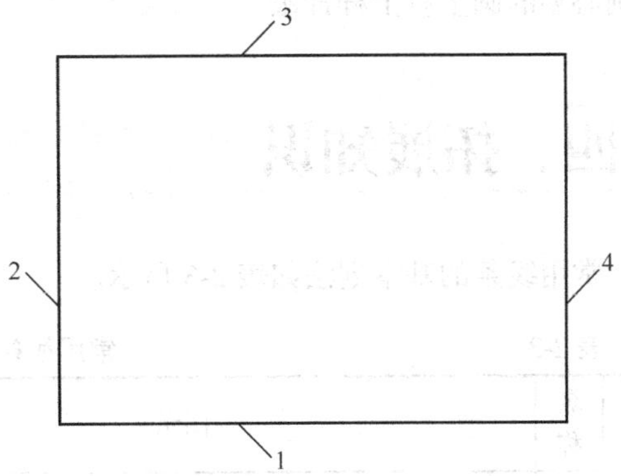

图 2-25　划 1、2、3、4 线

（5）划基准线 5、6、7、8、9、10，得到 11、12、13、14、15 交点，达到如图 2-26 所示的要求。

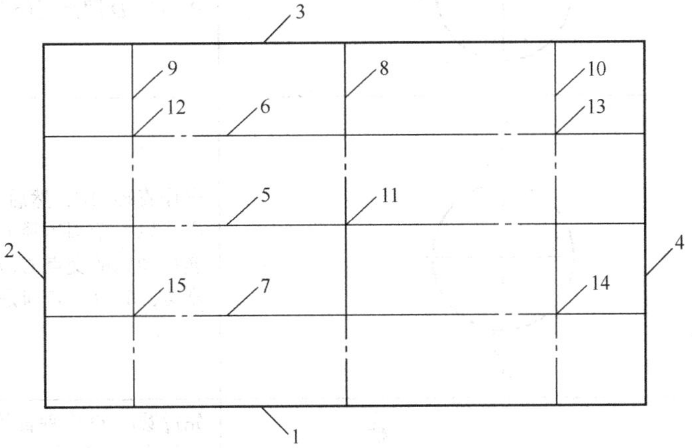

图 2-26　划基准线 5、6、7、8、9、10

（6）在上一步得到的如图 2-26 所示的交点 11、12、13、14、15 处打样冲眼。

（7）以交点 11 为圆心，35mm 为直径划圆，以交点 12、13、14、15 为圆心，8.5mm 为直径划圆，达到如图 2-27 所示的要求。

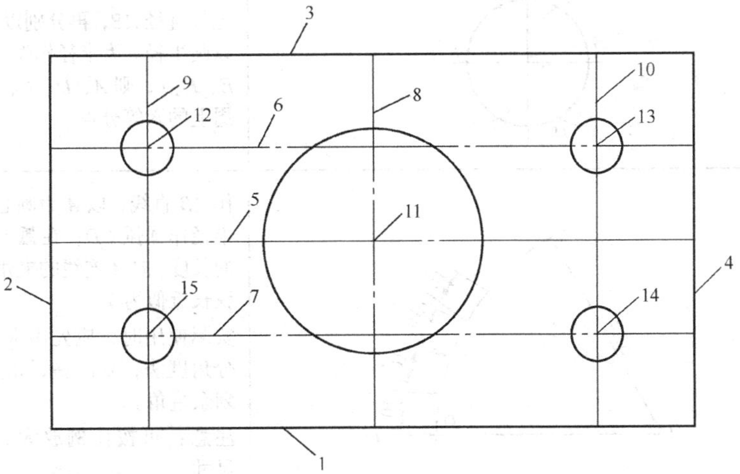

图 2-27　以交点 11、12、13、14、15 为圆心划圆

（8）检查所划线是否正确，若正确，再在直线 1、2、3、4 和以交点 11、12、13、14、15 为圆心划的圆上打上样冲眼。

四、拓展知识

常用线条的基本划法如表 2-3 所示。

表 2-3　　常用线条的基本划法

序号	名称	图示	说明
1	将圆周三等分	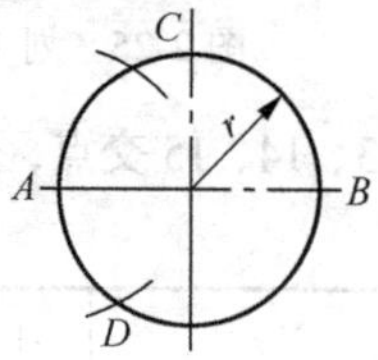	先作直径 *AB*，然后再以 *A* 点为圆心，*r* 为半径作两圆弧与圆周交于 *C*、*D* 点，则 *B*、*C*、*D* 即是圆周上的三等分点
2	将圆周四等分	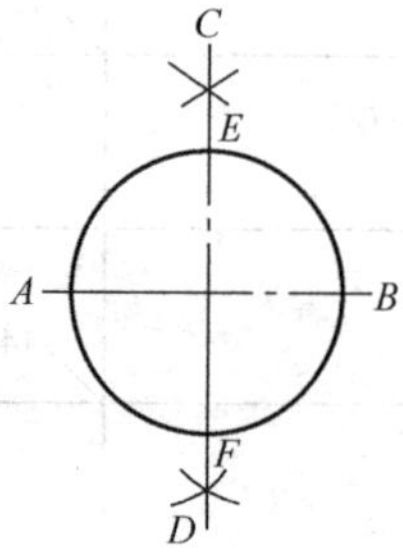	先作直径 *AB*，然后分别以 *A*、*B* 点为圆心，以大于圆半径 *r* 的任意半径作圆弧，连接圆弧的交点 *C*、*D* 与圆交于 *E*、*F* 点，则 *A*、*B*、*E*、*F* 即是圆周上的四等分点
3	将圆周五等分	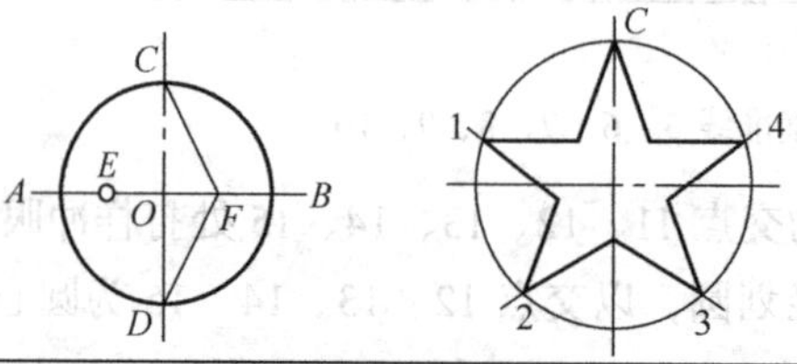	先过圆心 *O* 作垂直的直径 *AB* 和 *CD*，然后划出 *OA* 的中点 *E*，再以 *E* 为中心，*EC* 为半径与 *OB* 交于 *F* 点，*DF* 或 *CF* 的长度都是五等分圆周的弦长（弦长就是每等分在圆周上的直线长度），可采用此划法制作五角星
4	将圆周六等分	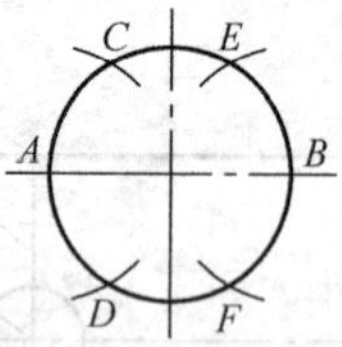	先作直径 *AB*，再分别以 *A*、*B* 点为圆心，以圆半径 *r* 为半径作弧与圆交于 *C*、*D*、*E*、*F* 点，则 *A*、*D*、*F*、*B*、*E*、*C* 即是圆周上的六等分点
5	划任意角度的简易划法	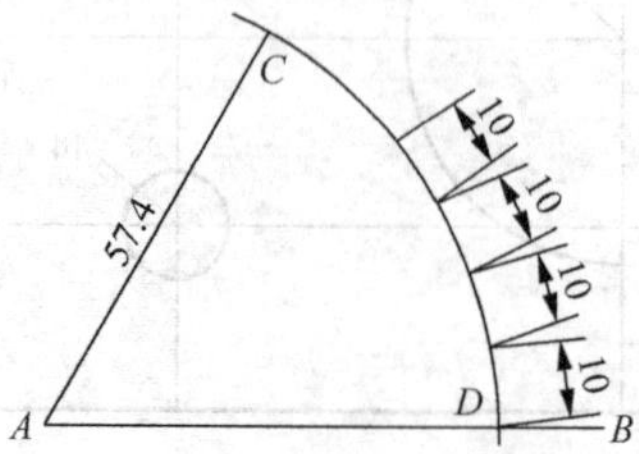	作 *AB* 直线，以 *A* 为圆心，以 57.4mm 为半径作圆弧 *CD*；在弧 *CD* 上截取 10mm 的长度，向 *A* 连线的夹角为 10°，每 1mm 弦长近似为 1°。 实际使用时，应先用常用角划线法或平分角度法，划出临近角度后，再用此法划余量角。 注意：可按比例放大，以利于截取小尺寸

续表

序号	名称	图示	说明
6	划任意三点的圆心	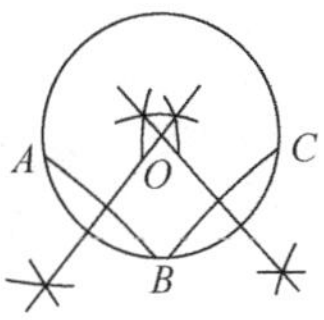	已知 A、B、C，分别将 AB 和 CB 用直线相连，再分别划 AB 和 CB 的垂直平分线，两垂直平分线的交点 O，即为过 A、B、C 三点圆的圆心
7	划圆弧的圆心	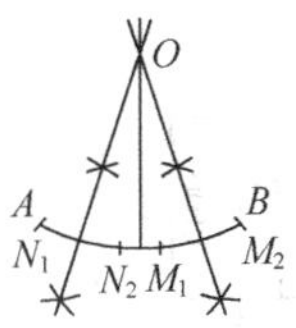	先在圆弧 AB 上任取 N_1、N_2 和 M_1、M_2，分别划弧 N_1N_2 和 M_1M_2 的垂直平分线，两垂直平分线的交点 O 即为弧 AB 的圆心
8	划圆弧与两直线相切	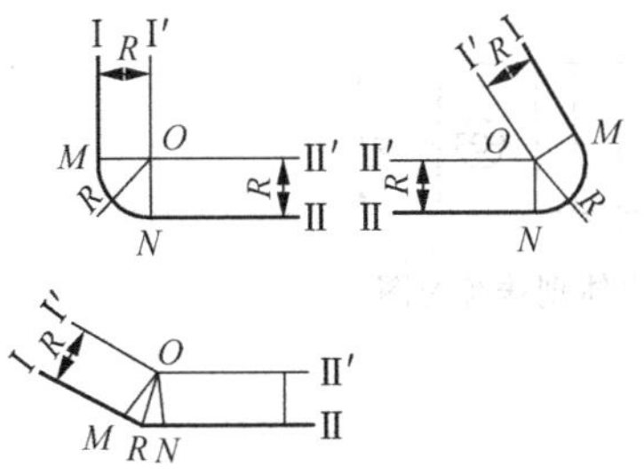	先分别划距离为 R 并平行于直线Ⅰ和Ⅱ的直线Ⅰ′、Ⅱ′，Ⅰ′ 和Ⅱ′ 交于 O 点，再以 O 为圆心，R 为半径划圆弧 MN 和两直线相切
9	划圆弧与两圆外切	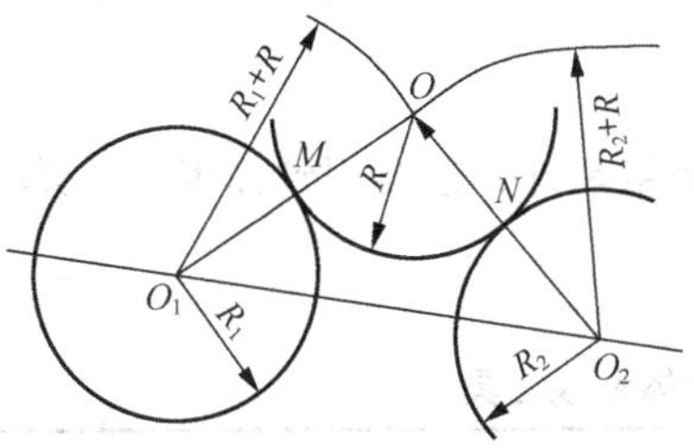	分别以 O_1 和 O_2 为圆心，以 R_1+R 及 R_2+R 为半径，划圆弧交于 O；以 O 为圆心，R 为半径，划圆弧与两圆外切于 M、N 点 同理：以 $R\text{-}R_1$ 及 $R\text{-}R_2$ 为半径，划圆弧交于 O；以 O 为圆心，R 为半径，可划圆弧与两圆内切
10	划椭圆	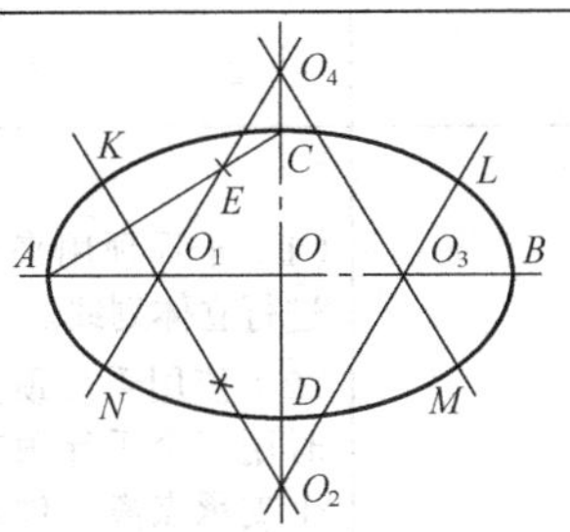	划互相垂直的线 AB（长轴）和 CD（短轴），连 AC，在 AC 上截取 $AE=OA-OC$，划 AE 的垂直平分线，与长、短轴各交于 O_1 及 O_2，并找出 O_1、O_2 的对称点 O_3、O_4，以 O_1、O_2、O_3、O_4 为圆心，O_1A（或 O_3B）和 O_2C（或 O_4D）为半径，分别划出四段圆弧，圆弧连接为椭圆
11	划蛋形圆	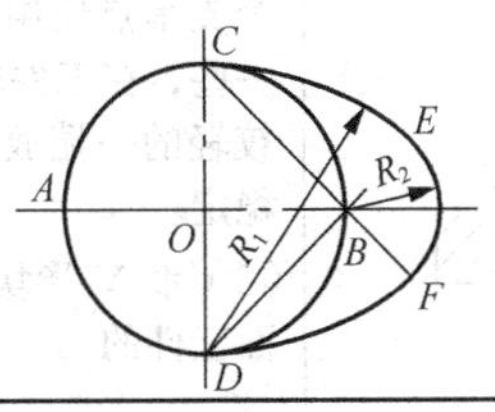	以垂直线 AB 和 CD 的交点 O 为圆心，分别以 C、D 为圆心，CD 为半径划弧，再通过 C 和 D 点划 CB 和 DB 的连线，并延长交于 E、F 两点；然后以 B 为圆心，BE 或 BF 为半径划圆弧，连接 E 和 F，即得蛋形圆

任务三　立体划线

一、任务导入

划出如图 2-28 所示要求的线。

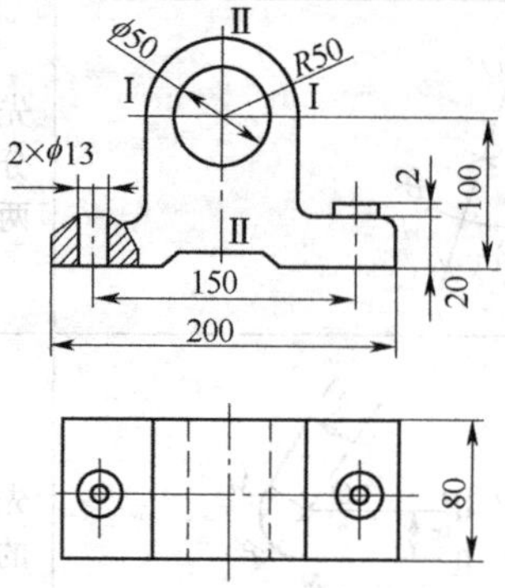

图 2-28　立体划线练习图

二、相关知识

立体划线除了用到平面划线常用划线工具量具外，还会用到如表 2-4 所示的工具。

表 2-4　　常用立体划线工具

序号	名称	图示	说明
1	千斤顶	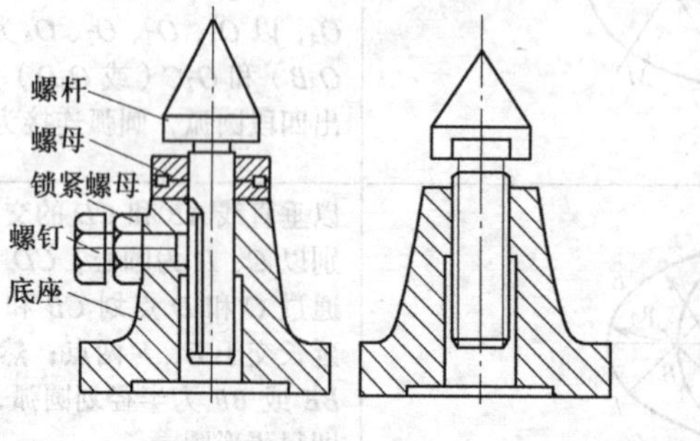	（1）千斤顶用来支承毛坯或不规则工件进行立体划线。 （2）使用千斤顶支承工件时，一般要同时用三个千斤顶支承在工件的下部，三个支承点离工件重心应尽量远一些，三个支承点所组成的三角形面积应尽量大一些，在工件较重的一端放两个千斤顶，较轻的一端放一个千斤顶，这样做比较稳定。 （3）带 V 形块的千斤顶是用来支承圆柱面工件的

续表

序号	名称	图示	说明
2	分度头	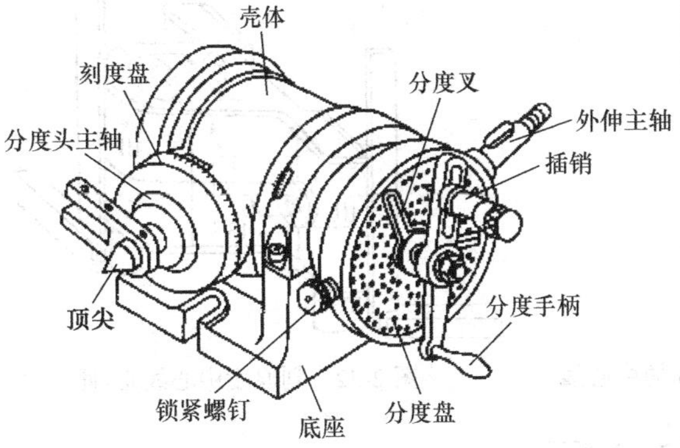 （a）分度头外观图 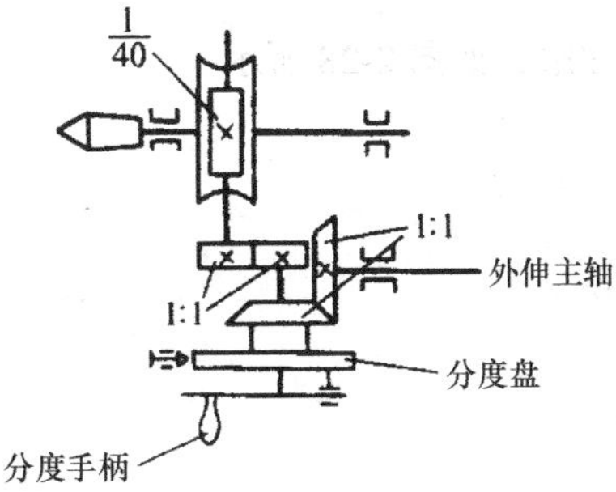 （b）分度头传动原理图	（1）万能分度头由顶尖、分度头主轴、刻度盘、壳体、分度叉、分度头外伸轴、分度盘、底座、锁紧螺钉、插销和分度手柄等组成。 （2）分度方法有简单分度法和差动分度法。 （3）简单分度法原理 分度数目较多时，可用简单分度法来分度。 分度前应使蜗轮蜗杆啮合并用锁紧螺钉将分度盘锁紧。选好分度孔盘后，应调整插销对准所选用的孔圈。分度时先拔出分度手柄，带动分度头主轴回转到所需的分度位置，然后重新将插销插入分度盘中，分度手柄每转过的孔数计算如下 $$n_k=\frac{40}{z}=a+\frac{p}{q}$$ a 为每次分度时分度手柄转过的整圈转；q 为所选用孔圈的孔数；p 为插销在 q 个孔的孔圈上应转的孔距数

三、任务实施

（1）准备好各种划线时必须的划线钳桌、划针盘、划规、样冲、划线锤、角尺、三角板和白粉笔等。

（2）清理毛坯，并选定相互垂直中心线Ⅰ—Ⅰ、Ⅱ—Ⅱ为划线基准，如图 2-28 所示。

（3）根据ϕ50 孔的中心平面，调节千斤顶使工件水平，如图 2-29 所示。

（4）划ϕ50 孔中心线Ⅰ—Ⅰ，如图 2-30 所示的要求。

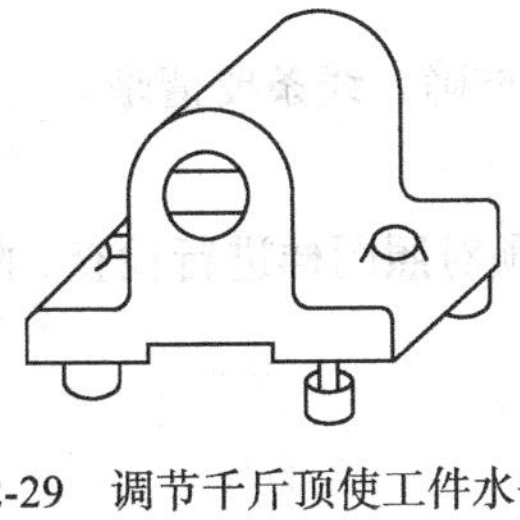

图 2-29　调节千斤顶使工件水平

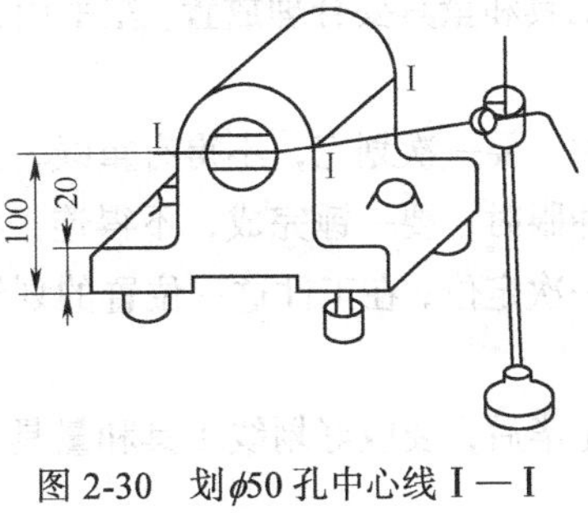

图 2-30　划ϕ50 孔中心线Ⅰ—Ⅰ

（5）划ϕ50 孔中心线Ⅱ—Ⅱ和孔ϕ13 的中心线，如图 2-31 所示。

（6）划厚度中心线Ⅲ—Ⅲ，如图 2-32 所示。

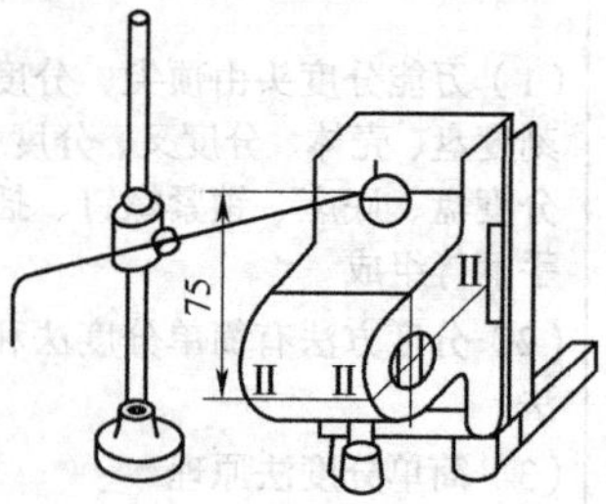

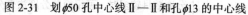

图 2-31　划ϕ50 孔中心线Ⅱ—Ⅱ和孔ϕ13 的中心线

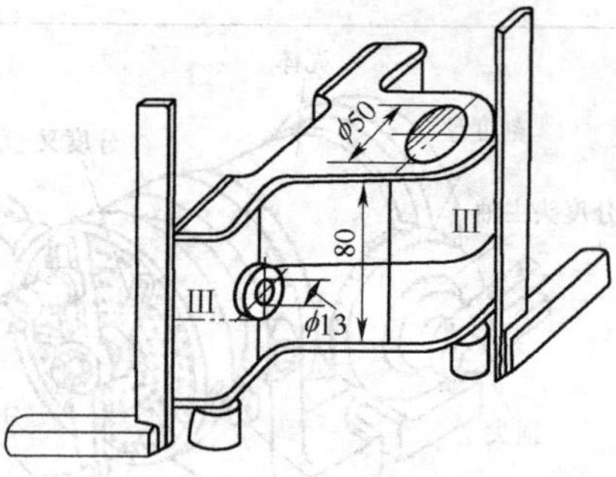

图 2-32　划厚度中心线Ⅲ-Ⅲ

（7）在各处交点打样冲眼，如图 2-28 所示。

（8）以各处交点划圆，如图 2-28 所示。

（9）检查所划线是否则正确，并打上样冲眼，如图 2-28 所示。

四、拓展知识

（一）划线产生废品的主要原因

划线产生废品的主要原因有：

① 没看懂图样和工艺资料，盲目乱划。

② 基准选择不当或基准本身误差太大。

③ 划线工具、量具的误差造成划线尺寸不准。

④ 没有检查工序的加工质量，划线时尺寸的基准不符合要求。

⑤ 划完线后，没有从多方面进行校核。

（二）划线中应注意的事项

① 划线前应清理工件，并选择合适的划线基准。

② 工件划线时，定位一定要稳定可靠。

③ 擦净划线平板等划线工具和量具，并熟练掌握各种划线工具和量具的使用方法。

④ 划线工具和量具要合理放置，左手用工具放在作业件的左边，右手用工具放在作业件的右边。

⑤ 划线时，要一次划完，不得有重线，所划线尺寸要准确，线条要清晰。

⑥ 打样冲眼时，要一锤完成，不得连击。

⑦ 对每一次定位，在工件这一位置的划线结束后，必须对照图样进行检查，防止划错或划漏尺寸。

⑧ 划线完毕后，要收好划线工具和量具。

项目评价

序号	考核内容	考核要求	配分	评分标准	检测结果	得分
1	实训态度	（1）不迟到，不早退。 （2）实训态度应端正	10	（1）迟到一次扣1分。 （2）旷到一次扣5分。 （3）实训态度不端正扣5分		
2	安全文明生产	（1）正确执行安全技术操作规程。 （2）工作场地应保持整洁。 （3）工件、工具摆放应保持整齐	6	（1）造成重大事故，按0分处理。 （2）其余违规，每违反一项扣2分		
3	设备、工具、量具的使用	各种设备、工具、量具的使用应符合有关规定	4	（1）造成重大事故，按0分处理。 （2）其余违规，每违反一项扣1分		
4	操作方法和步骤	操作方法和步骤必须符合要求	30	每违反一项扣1～5分		
5	技术要求	应符合图样上的要求	50	超差不得分		
6	工时			每超时5分钟扣2分		
7	合　计					

自测题

1. 简述用钢直尺测量工件的方法。
2. 简述用游标卡尺测量工件的方法。
3. 简述划线中的找正和借料的作用。
4. 简述划针的种类及用途。
5. 简述划线基准的确定方法。
6. 简述划线盘的作用。
7. 简述平面划线方法。
8. 简述立体划线方法。

项目三

切削性操作

【能力目标】

1. 熟悉并了解切削性操作工具的使用方法。

2. 掌握锯削、錾削、锉削、钻孔、扩孔、锪孔、铰孔、攻丝、套丝、刮削等切削性操作的方法。

【知识目标】

1. 了解锯削、錾削、锉削、钻孔、扩孔、锪孔、铰孔、攻丝、套丝、刮削等切削性操作所使用工具的作用和结构。

2. 了解切削性操作的注意事项。

项目导入

本项目通过工件锯削、錾削、锉削、钻孔、扩孔、锪孔、铰孔、攻丝、套丝、刮削等切削性操作任务让学生弄清切削性操作所使用工具的作用、结构和工具方法，掌握切削性操作的方法。

任务一　工件锯削

一、任务导入

将一 130mm × 65mm × 10mm 的 45 钢料按照如图 3-1 所示的要求锯削。

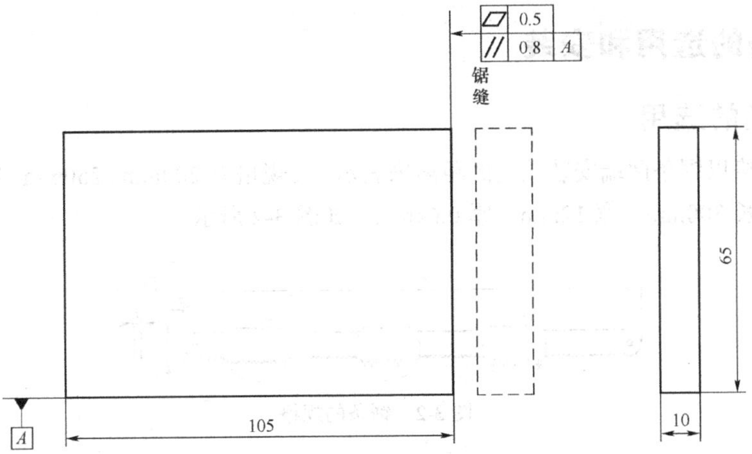

图 3-1　锯削练习图

二、相关知识

锯削是利用手锯对较小材料或工件进行切断或切槽等的加工方法。它具有方便、简单和灵活的特点，在单件小批生产、临时工地以及切割异形工件、开槽、修整等场合应用较广。

（一）常用的锯削工具

常用的锯削工具如表 3-1 所示。

表 3-1　常用的锯削工具

序号	名称	图示	说明
1	台虎钳	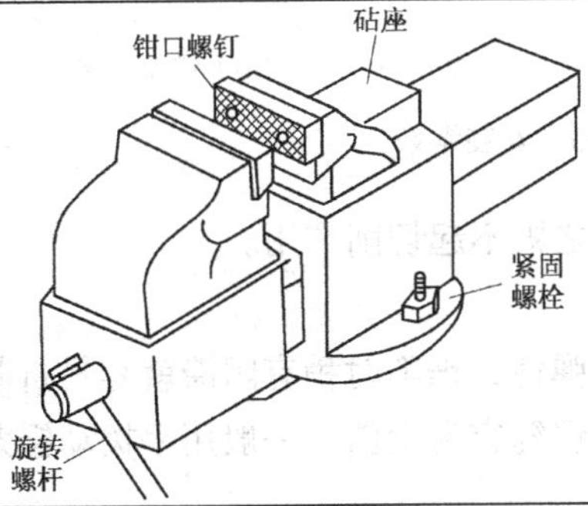	(1)它安装在钳桌边缘上，用来夹持工件。 (2)夹紧工件时，只允许依靠手的力量来扳动手柄，不能用锤子敲击手柄或套上长管子来扳动手柄，以免丝杠、螺母或钳身等损坏。 (3)不允许在活动钳身的光滑平面上进行敲击作业。 (4)丝杠、螺母和其他活动表面上要经常加油并保持清洁
2	手锯	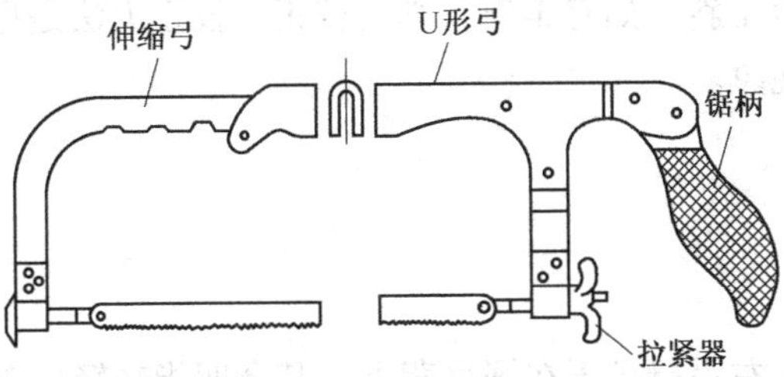	(1)手锯用来进行锯削加工。 (2)手锯由锯弓和锯条组成。 (3)锯弓是手锯的用来起张紧作用的部分，多为可调节式锯弓。由伸缩弓和U形弓组成，伸缩弓可在U形弓中进行前后调节。 (4)锯条是手锯的起削部分，一般用渗碳软钢冷轧而成，也有用碳素工具钢或合金钢制成的，经过热处理或淬火处理

（二）锯条的选用和安装

1. 锯条的选用

锯条的规格以锯条两端安装孔间的距离来表示。其规格有 200mm、250mm 和 300mm 三种。最常用的锯条长 300mm、宽 12mm、厚 0.64mm，如图 3-2 所示。

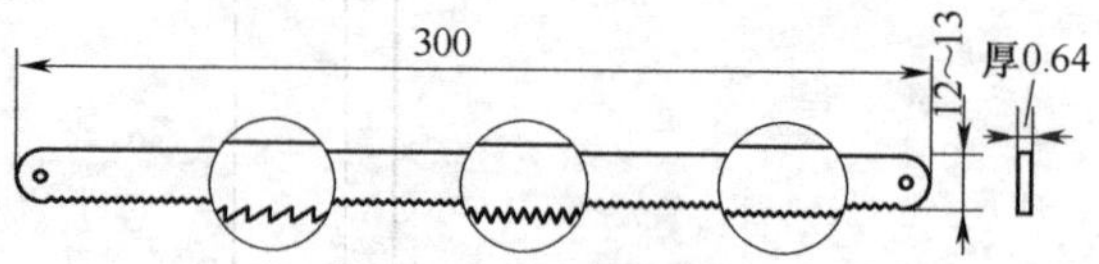

图 3-2 锯条的规格

锯条还可分为粗齿锯条（每 25mm 长度内的齿数为 14～18）、中齿锯条（每 25mm 长度内的齿数为 18～24）和细齿锯条（每 25mm 长度内的齿数为 24～32）三种。

锯条通常根据工件材料的硬度和厚度来选用。锯削铜、铝等软材料或厚工件时，因锯屑较多，要求有较大的容屑空间，选用粗齿锯条；锯削硬钢等硬材料或薄壁工件时，锯齿不易切入，锯削量小，不需要大的容屑空间，另外，对于薄壁工件，在锯削时，锯齿易被工件勾住而崩刃，需要同时工作的齿数多（至少 3 个齿能同时工作），选用细齿锯条；锯削普通钢材、铸铁等中等硬度材料或中等厚度工件选用中齿锯条。

2. 锯条的安装

（1）安装锯条时，锯齿齿尖要向前，如图 3-3 所示。

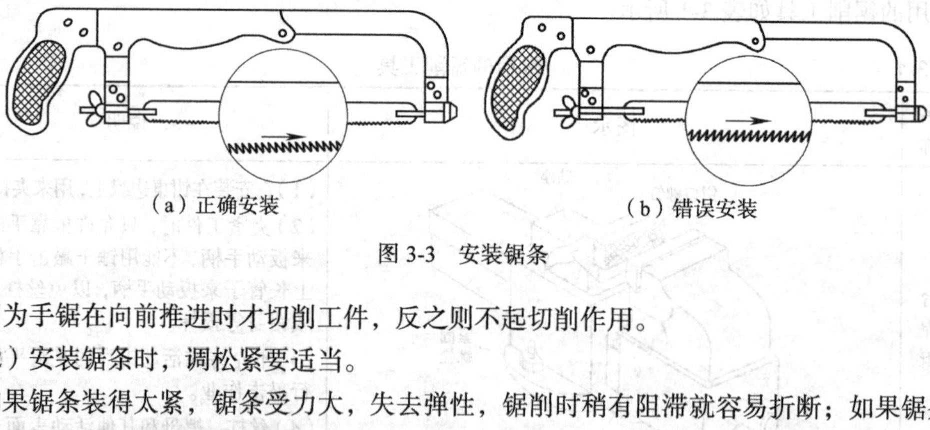

（a）正确安装　　　（b）错误安装

图 3-3 安装锯条

因为手锯在向前推进时才切削工件，反之则不起切削作用。

（2）安装锯条时，调松紧要适当。

如果锯条装得太紧，锯条受力大，失去弹性，锯削时稍有阻滞就容易折断；如果锯条装得太松，锯条不但容易发生扭曲而折断，并且锯缝容易歪斜。一般用手拨动锯条时，手感硬实并略带弹性，则锯条松紧适宜。

（3）锯条安装后，应检查锯条是否歪斜，如有歪斜，则需校正。校正方法是把蝶形螺母再旋紧些，然后旋松一些，来消除扭曲现象。

（三）锯削的姿势和方法

1. 握锯方法

常见的握锯方法是右手满握锯柄，左手拇指压在锯弓背上，其余四指轻轻扶在锯弓前端，将锯弓扶正，如图 3-4 所示。

2. 锯削的站立姿势

锯削时，操作者应站立在台虎钳的左侧，左脚向前迈半步，与台虎钳中轴线成 30°，右脚在后，与台虎钳中轴线成 75°，两脚间的间距与肩同宽，如图 3-5（a）所示。其身体与台虎钳中轴线的垂线成 45°，如图 3-5（b）所示。

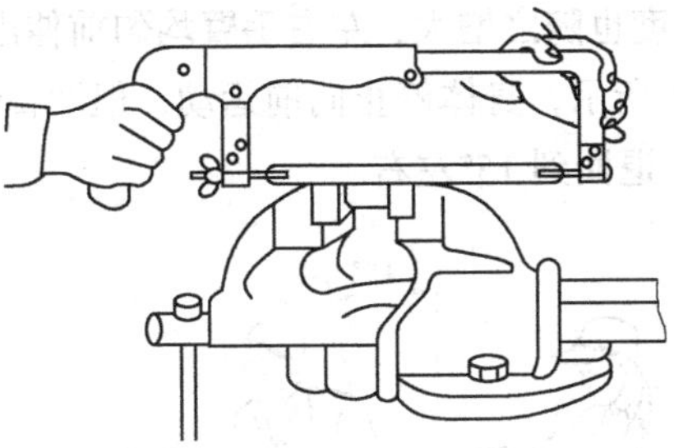

图 3-4 握锯方法

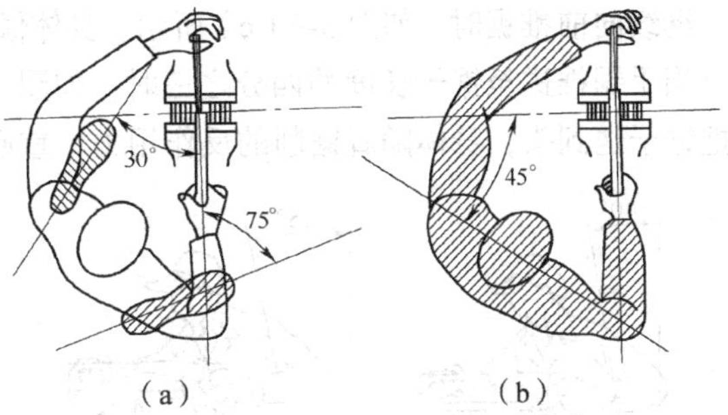

图 3-5 锯削站立姿势

3. 起锯方法

起锯是锯削运动的开始，起锯质量的好坏直接影响锯削质量。起锯法有远起锯法［见图 3-6（a）］和近起锯法［见图 3-6（b）］两种，起锯的方法如图 3-6（c）所示，用左手拇指靠住锯条，使锯条能正确地锯在所要锯的位置上，起锯行程要短，压力要小，速度要慢，起锯角 α 以 15° 左右为宜。

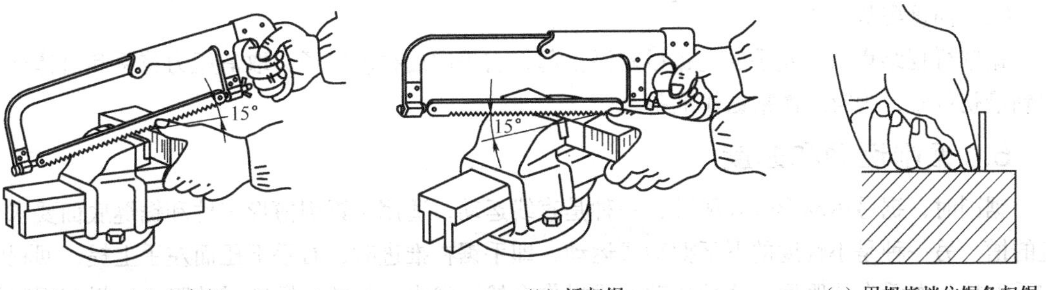

图 3-6 起锯法

远起锯法是从工件远离操作者的一端起锯，锯齿逐步切入材料，此锯法不易被卡住。如图 3-6（a）所示。近起锯法是从工件靠近操作者的一端起锯，如图 3-6（b）所示。这种起锯法如果掌握得不好，锯齿容易被工件的棱边卡住，造成锯条崩齿，此时，可采用向后拉手锯作倒向起锯，使起锯时接触的齿数增加，再作推进起锯就不会被棱边卡住而崩齿。因此，一般情况下采用远起锯法，当起锯锯削到槽深 2～3mm，锯条已不会滑出槽外，左手拇指可离开锯条，扶正锯弓逐渐使锯痕向后（或向前）成水平，然后往下正常锯削。

4. 锯削姿势

选好站立位置，站好，按要求握好锯并起好锯。

（1）推锯姿势

开始进锯时，如图 3-7（a）所示，右腿站稳伸直，左腿略有弯曲，身体向前倾斜，重心落在左脚上，两脚站稳不动，靠左膝的屈伸使身体作往复摆动。只在起锯时，身体稍向前倾，与竖直方向约成 10° 角，此时右肘尽量向后收，与锯削方向保持平行。

向前锯削时，如图 3-7（b）所示，用力要均匀，左手扶锯，右手掌推动锯子向前运动，上身倾斜跟随一起向前运动，此时，左脚向前弯曲，右腿伸直向前倾，操作者的重心在左脚上。

继续向前推锯时，如图 3-7（c）所示，身体倾斜的角度也随之增大，左右手臂均匀前伸出。

当手锯推进至锯子长度的四分之三时，如图 3-7（d）所示，身体停止向前运动，但两臂继续把锯子送到头，身体随着锯削的反作用力，重心后移，退回到 15°左右。

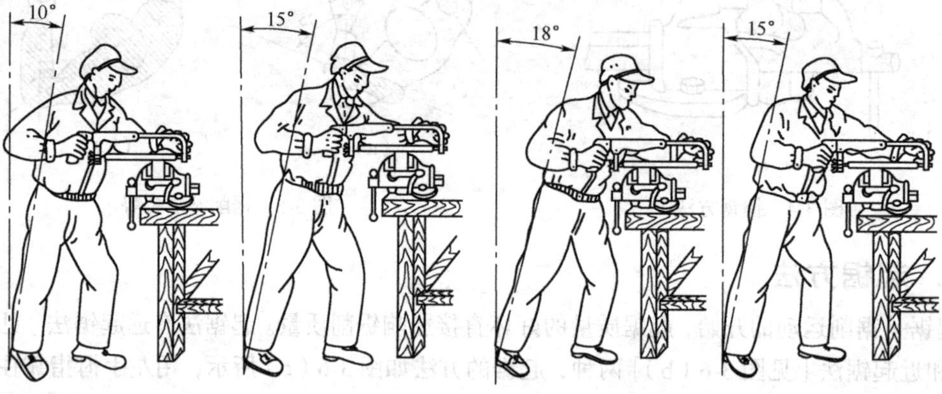

图 3-7　锉削的姿势

（2）回锯姿势

锯削行程结束后，左手要把锯弓略微抬起，右手向后拉动锯子，取消压力将手和身体逐渐回到最初位置，为第二次推锯作准备。

5. 锯削运动和速度

锯削时，锯弓运动形式有两种：一种是直线运动，适用于锯削薄形工件和锯缝底面要求平直的槽。另一种是小幅度的下下摆动式运动，即手锯在推进时，右手下压而左手上提，回程时右手上抬，左手自然跟回，这种运动方式操作自然、省力，可减少锯削时的阻力，提高锯削效率，锯削时运动大都采用摆动式运动。锯弓前进时，一般要加不大的压力，而后拉时不加压力。

锯削速度以每分钟 20～40 次为宜。锯削速度过快，易使锯条发热，磨损加重。锯削速度过慢，又直接影响锯削效率。一般锯削软材料可快些，锯削硬材料应慢些。必要时可用切削液对锯条冷却润滑，以减轻锯条的磨损，锯削行程应保持匀速，返回时，速度相应快些。

锯削时，不要仅使用锯条的中间部分，而应尽量在全长度范围内使用。为避免局部磨损，一般应使锯条的行程不小于锯条长的三分之二，以延长锯条的使用寿命。

6. 锯削方法

（1）扁钢、条料、薄材料的锯削方法

锯削扁钢、条料时，如图 3-8（a）所示，可采用远起锯法，并从宽的一面上锯下去，如一定要从窄的面锯下去，特别是锯削薄板料时，如图 3-8（b）所示，可将薄板夹持在两木块之间，连同木块一起锯削。这样可增加锯条同时参加锯削的齿数，而且工件刚度较好，便于切削。

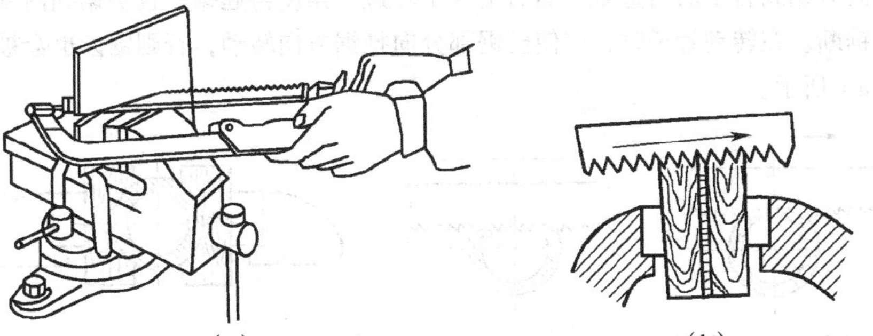

（a）　　　　（b）

图 3-8　扁钢、条料、薄材料的锯削方法

（2）棒料和轴类零件的锯削方法

棒料和轴类零件的锯削方法如图 3-9 所示。锯削前，工件应夹持平稳，尽量保持水平位置，使锯条与它保持垂直，以防止锯缝歪斜。

当被锯削工件锯后的断面要求比较平整、光洁时，锯削应从一个方向连续锯削直到结束。

当锯削后的断面要求不高时，锯削时每到一定深度（不超过中心）可不断改变锯削方向，如图 3-10 所示的顺序，反复进行操作，并经常加切削液，最后一次锯断。

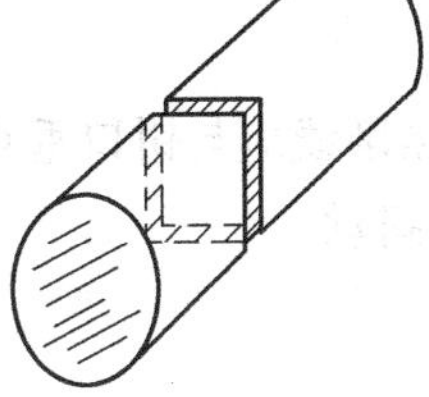

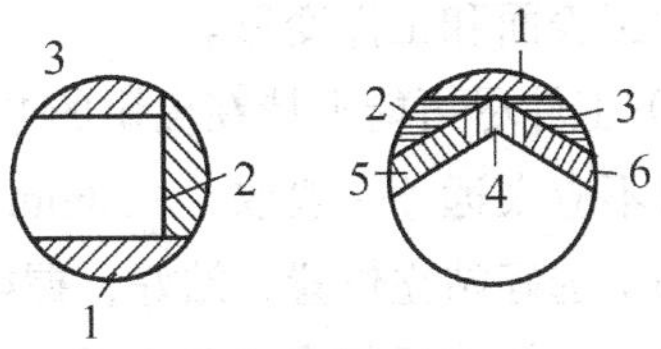

（a）　　　　（b）

图 3-9　棒料和轴类零件的锯削方法　图 3-10　锯削后的断面要求不高的棒料和轴类零件的锯削顺序

（3）深缝的锯削方法

深缝的锯削方法如图 3-11（a）所示。当锯缝深度超过锯弓的高度时，可将锯条转过 90° 安装后再锯，如图 3-11（b）所示，同时要调整工件夹持位置时，使锯削部分处于钳口附近，避免工件跳动。也可将锯条转 180° ，使锯齿在锯弓内，安装好，再进行锯削，如图 3-11（c）所示。

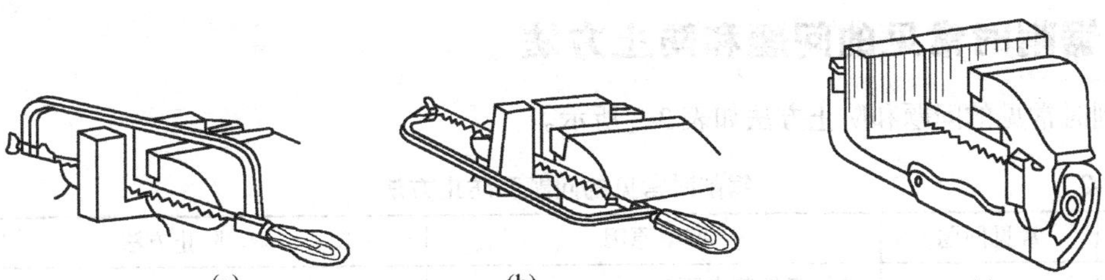

(a)　　　　(b)　　　　(c)

图 3-11　深缝的锯削方法

（4）管子的锯削方法

管子的锯削方法如图 3-12 所示。锯削前把管子水平夹持在虎钳内，不能夹得太紧，以免管

子变形。对于薄管子或精加工过的管子都应夹在木垫内，如图 3-12（c）所示。正确的锯削方法是每个方向只锯到管子的内壁处，然后把管子转过一角度再起锯，且仍锯到内壁处，如此逐次进行直至锯断。在转动管子时，应使已锯部分向推锯方向转动，否则锯齿也会被管壁钩住，如图 3-12（a）所示。

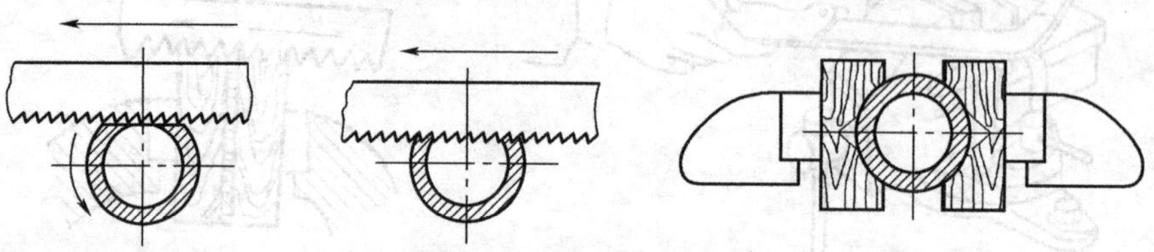

（a）管子的正确锯削方法　（b）管子的不正确锯削方法　（c）薄管子或精加工过的管子夹在木垫内

图 3-12　管子的锯削方法

三、任务实施

（1）清理工件并按样图划好线。

（2）在虎钳上夹好工件。

① 工件的夹持要牢固，不可有抖动，以防锯削时工件移动而使锯条折断。同时也要防止夹坏已加工表面和工件变形。

② 工件尽可能夹持在虎钳的左面，以方便操作；锯削线应与钳口垂直，以防锯斜；锯削线离钳口不应太远（一般取 5～10mm），以防锯削时产生抖动。

（3）选好站立位置，站好，握好锯并起好锯。

（4）按规范反复推锯和回锯。

（5）快锯断时，左手托拿材料，只用右手轻力锯落，不使材料落在台上。

（6）清理现场。

四、拓展知识

（一）锯削时常见的问题和防止方法

锯削时常见的问题和防止方法如表 3-2 所示。

表 3-2　锯削时常见的问题和防止方法

序号	常见问题	产生原因	防止方法
1	锯缝歪斜	（1）工件装夹不正。 （2）锯弓未扶正或用力歪斜，使锯条背偏离锯缝中心平面，而斜靠在锯削断面的一侧。 （3）锯削时双手操作不协调	（1）装夹工件要正确。 （2）锯弓要扶正或用力不能歪斜。 （3）锯削时双手操作要协调

续表

序号	常见问题	产生原因	防止方法
2	锯齿崩裂	（1）锯条装夹过紧。 （2）起锯角度太大。 （3）锯削中遇到材料组织缺陷，如杂质、砂眼等	（1）锯条装夹力要适当。 （2）起锯角度要适合要求。 （3）在锯削过程中要注意材质的变化
3	锯条折断	（1）锯条选用不当或起锯角度不当。 （2）锯条装夹过紧或过松。 （3）工件未夹紧，锯削时工件有松动。 （4）锯削压力太大或推锯过猛。 （5）强行矫正歪斜锯缝或换上的新锯条在原锯缝中受卡。 （6）工件锯断时锯条撞击工件	（1）更换合适的锯条。 （2）锯条装夹力要适当。 （3）锯条装夹力要适当。 （4）推锯力量要适当。 （5）矫正歪斜锯缝力量要适当。 （6）锯条不要撞击工件
4	尺寸超差	（1）划线不正确。 （2）锯缝歪斜过多，偏离划线范围	（1）划线后一定要检查。 （2）锯缝要正，不要偏离划线范围
5	工件拉毛	起锯方法不对，把工件表面锯坏了	起锯方法要正确

（二）锯削工件时应注意的事项

① 要保持划线清楚、锯条平直。

② 注意调整锯条的张紧力，以防锯条断裂伤人事件的发生。

③ 起锯和快锯断时用力要小。

④ 锯削速度不能太快，一般每分钟 40 次为宜。

⑤ 锯面不允许修磨。

⑥ 锯削结束后，应把锯条放松。

任务二　工件錾削

一、任务导入

錾削尺寸为 105mm×65mm×10mm 的 45 钢板的 3 个平面，达到如图 3-13 所示的要求。

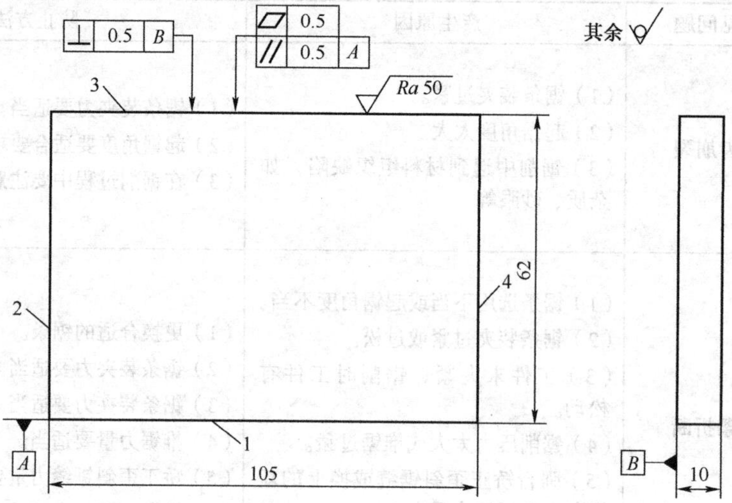

图 3-13　錾削练习图

二、相关知识

（一）常用的錾削工具

常用的錾削工具如表 3-3 所示。

表 3-3　　常用的錾削工具

序号	名称	图示	说明
1	錾子	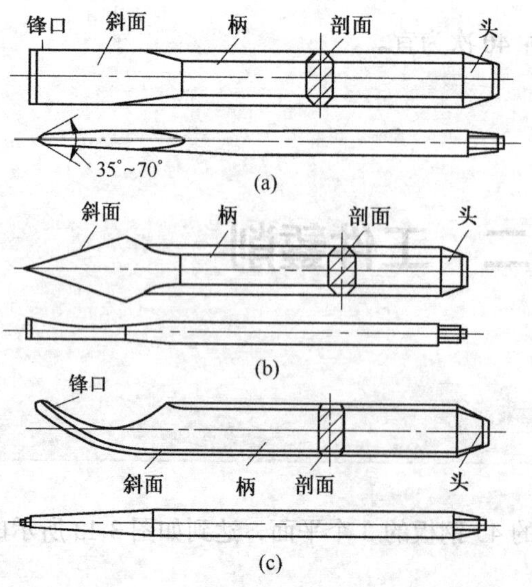	（1）根据锋口的不同，錾子可分为扁錾（图 a）、尖錾（图 b）和油槽錾（图 c）等。 （2）扁錾用来錾削平面、凸缘、毛刺和分割材料等。 （3）尖錾主要用来錾槽和分割曲线板料。 （3）油槽錾主要用来錾削润滑油槽

续表

<table>
<tr><th>序号</th><th>名称</th><th>图示</th><th>说明</th></tr>
<tr><td>2</td><td>錾子的几何角度</td><td>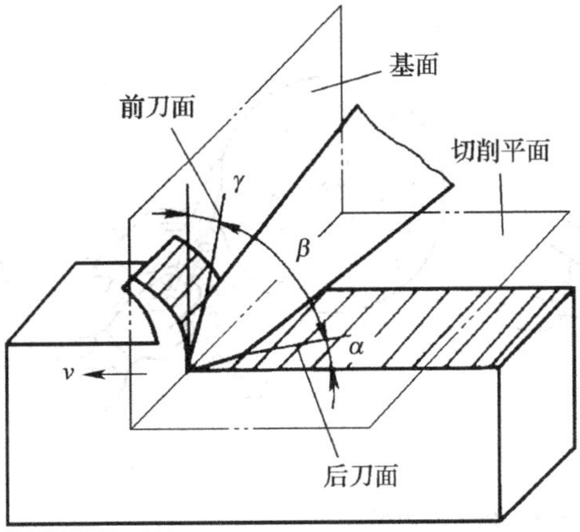
</td><td>（1）楔角 β（见表 3-4）：
表 3-4　　楔角 β 的选择
<table>
<tr><th>楔角 / 所錾材料</th><th>楔角 β</th></tr>
<tr><td>工具钢等硬材料</td><td>60°～70°</td></tr>
<tr><td>中等硬度材料</td><td>50°～60°</td></tr>
<tr><td>铜、铝、锡软材料</td><td>30°～45°</td></tr>
</table>
（2）后角 α：
后角的大小由錾子被手握的位置决定，一般取 5°～8°，后角太大会使切入太深，而后角后太小又会使錾子容易滑出，而无法切入。
（3）前角 γ：
前角 $\gamma = 90° - (\alpha + \beta)$</td></tr>
<tr><td>3</td><td>锤子</td><td>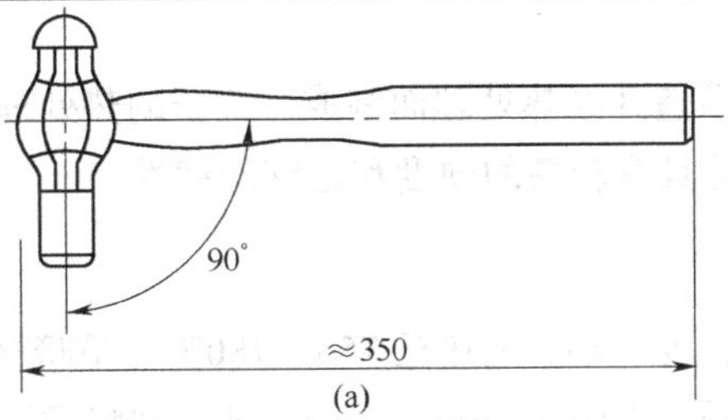

(a)
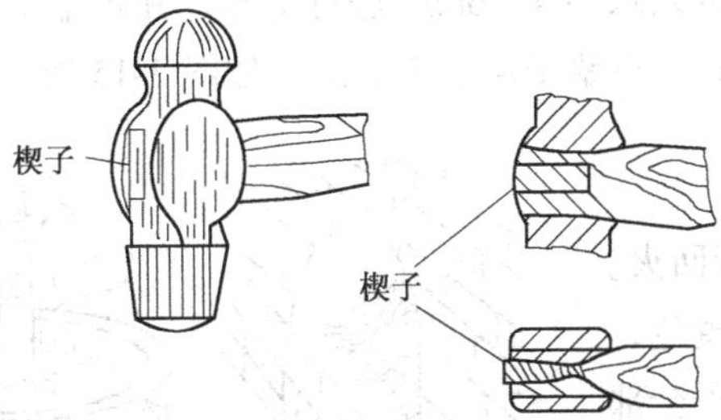

(b)</td><td>（1）锤头一般用 T7 钢制成，并经过淬火处理。
（2）常用的锤头有 0.25kg、0.5kg 和 1kg 等几种。
（3）如 0.5kg 的锤头的柄长度一般选 350mm。
（4）木柄安装在锤头孔中必须牢固可靠，为此装锤头的孔做成椭圆形的，且两端大中间小，打入楔子</td></tr>
</table>

（二）錾子的刃磨步骤和方法

1. 握好錾子

刃磨錾子时，首先要握好錾子，如图 3-14（a）所示。两手一前一后，前面手的大拇指与食指捏住錾子的前端，其他三指自然弯曲，小指下部支撑在固定的托板上，另一只的五个手指轻力捏住錾子的杆部。

2. 刃磨錾子刃面和腮面

先磨两个刃面，后磨两腮面。在旋转的砂轮轮缘上进行刃磨，这时錾子的切削刃应高于砂轮中心，在砂轮全宽上作左右来回平稳地移动，并要控制錾子前后刃面的位置，保证磨出符合要求的楔角，如图 3-14（a）所示。

3. 刃磨刃口

刃磨錾子刃口要在砂轮的外边圆上进行，两手要同时左右移动。如图 3-14（b）所示。

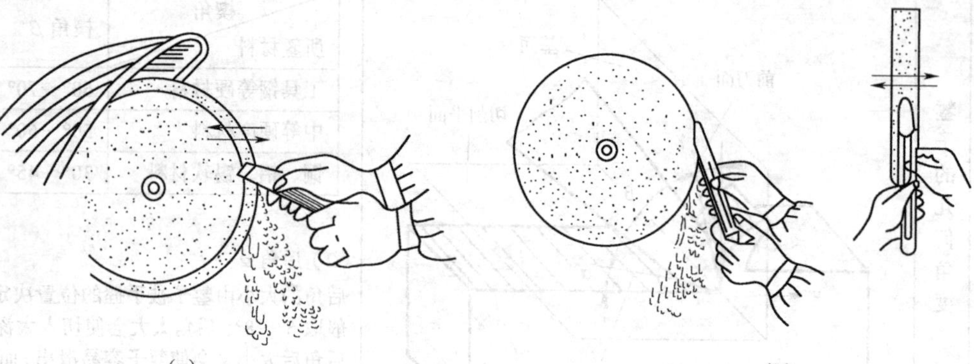

(a)　　(b)

图 3-14　錾子的刃磨

（三）錾子的热处理方法

錾子是用碳素工具钢（T7A 或 T8A）锻造并经热处理而制成。錾子的热处理包括淬火和回火两个过程，其目的是为使錾子的刃口部分具有较高的硬度和足够的韧性。

1. 錾子的淬火方法

将已磨好的錾子的切削部分约 20mm 长度一端，加热至 750～780℃（呈暗樱红色）后，迅速将从炉中取出，将錾子的切削部分垂直浸入水中 4～6mm 进行冷却，并将錾子沿水平面微微移动，等冷却到錾子露出水面部分呈黑色时，将錾子从水中取出。如图 3-15 所示。

2. 錾子的回火方法

錾子取出后,利用錾子上部的余热进行回火。一般刚出水时錾子刃口呈白色，随后变成黄色，再变成蓝色。当錾子刃口呈黄色时，把錾子全部浸入水中冷却，此回火温度称为黄火。当錾子刃口呈蓝色时把錾子全部浸入水中冷却，此回火温度称为蓝火。一般多采用黄蓝火，这样使錾子既能达到较高的硬度，又能保持足够的韧性。

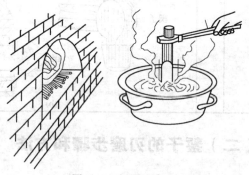

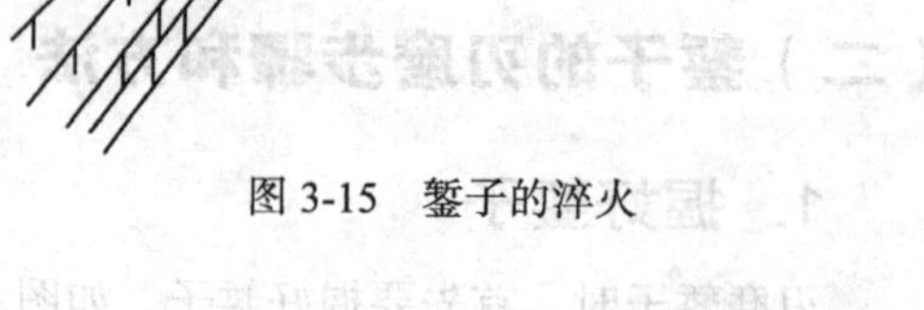

图 3-15　錾子的淬火

（四）錾子的握法

錾子有正握法、反握法和立握法三种。

1. 正握法

錾子的正握法如图 3-16（a）所示，手心向下，用左手的中指、无名指和小指握住錾子，食指和大拇指自然松靠，錾子的头部伸出约 20mm。錾切较大平面和在台虎钳上錾切工件时常采用这种握法。

2. 反握法

錾子的反握法如图 3-16（b）所示，手心向上，手指自然捏住錾子，手掌悬空不与錾子接触。錾切工件的侧面和进行较小加工余量錾切时，常采用这种握法。

3. 立握法

錾子的立握法如图 3-16（c）所示，由上向下錾切板料和小平面时，多使用这种握法。

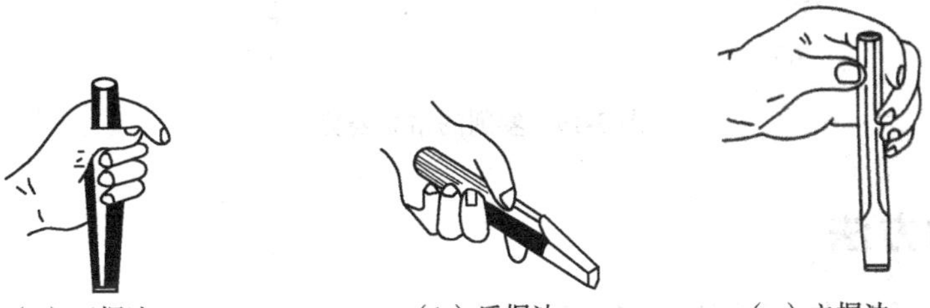

（a）正握法　（b）反握法　（c）立握法

图 3-16　錾子的握法

（五）锤子的握法

锤子的握法有松握法和紧握法两种。

1. 松握法

锤子的松握法如图 3-17 所示，只有大拇指和食指始终紧握锤柄。当用锤子打击錾子时，中指、无名指、小指一个接一个依次握紧锤柄，挥锤时以相反的次序依次放松。

2. 紧握法

锤子的紧握法如图 3-18 所示，用右手食指、中指、无名指和小指紧握锤柄，大拇指放在食指上面，虎口要对准锤头的走向，把尾留露 15～30mm。

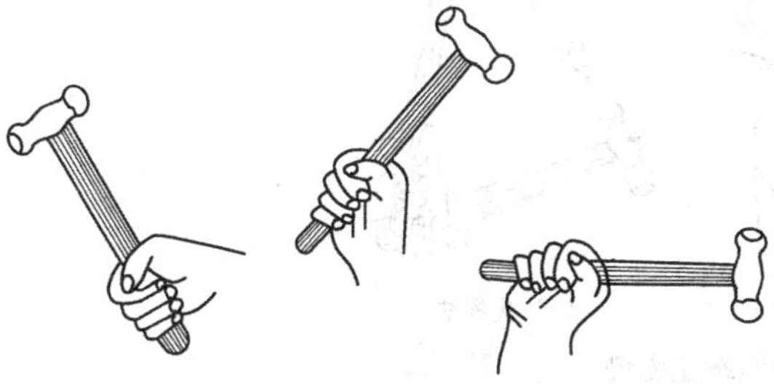

图 3-17　锤子的松握法

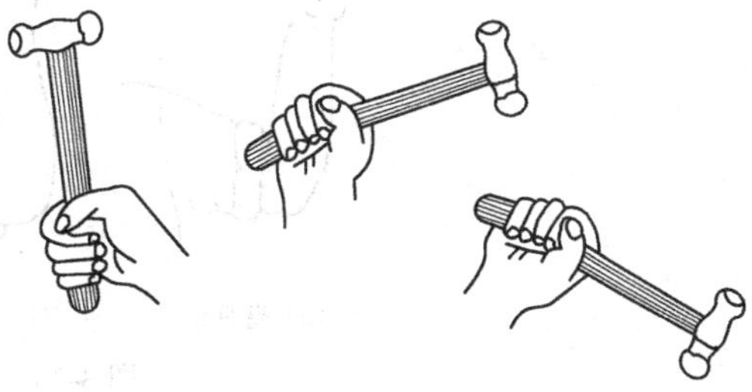

图 3-18　锤子的紧握法

（六）錾削的站立姿势

錾削时，两脚互成一定角度，左脚跨前半步，右脚稍微朝后，如图 3-19（a）所示，身体自然站立，重心偏于右脚。右脚要站稳，右腿伸直，左腿膝关节应稍微自然弯曲。眼睛注视錾削处，以便观察錾削的情况，而不应注视锤击处。左手捏錾使其在工件上保持正确的角度，右手挥锤，使锤头沿弧线运动，进行敲击，如图 3-19（b）所示。

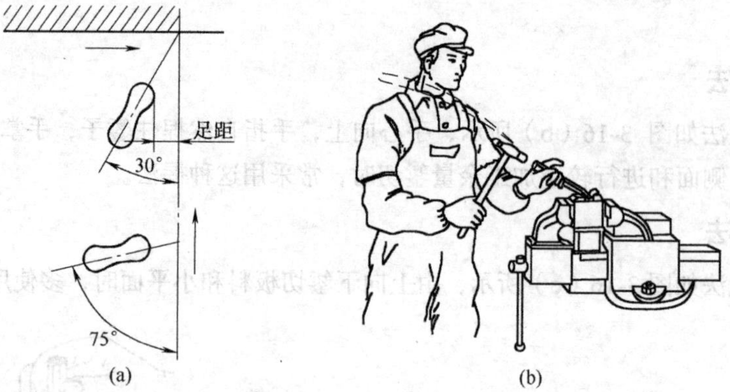

图 3-19　錾削的站立姿势

（七）挥锤的方法

挥锤的方法有臂挥法、肘挥法和腕挥法三种。

1. 臂挥法

臂挥法是用手腕、肘和全臂一起挥锤的挥锤法，如图 3-20（a）所示，这种挥锤法打击力最大，用于需要大力錾削的场合。

2. 肘挥法

肘挥法是用腕和肘一起挥锤的挥锤法，如图 3-20（b）所示，这种挥锤法打击力较大，应用最广泛。

3. 腕挥法

腕挥法只用有手腕的运动，如图 3-20（c）所示，锤击力小，一般用于錾削的开始和结尾。

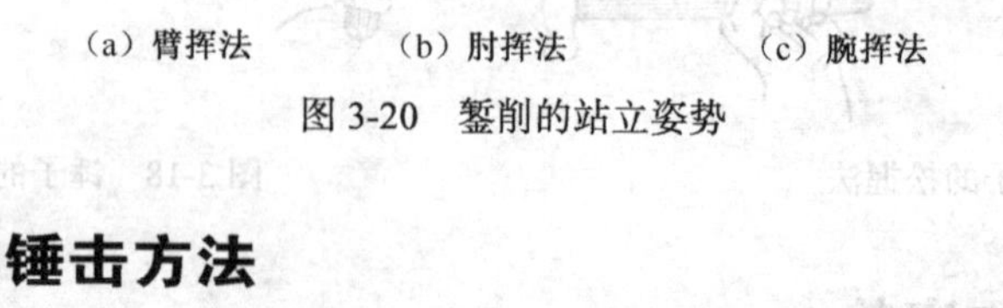

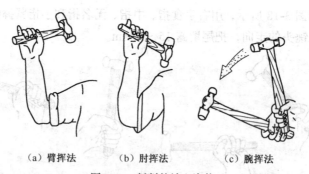

（a）臂挥法　　（b）肘挥法　　（c）腕挥法

图 3-20　錾削的站立姿势

（八）錾削时的锤击方法

錾削锤击时，锤子在右上方划弧形作上下运动，眼睛要看在切削刃和工件之间，这样才能顺利地工作，才能保证被加工产品的质量。

锤击要稳、准、狠，其动作要一下一下有节奏地进行，锤击速度一般在肘挥时每分钟 40 次左右，腕挥每分钟 50 次左右。

锤下击时，锤子敲下去应有加速度，可增加锤击的力量。

（九）起錾方法

起錾方法有斜角起錾和正面起錾两种。

錾削平面主要使用扁錾，起錾时，一般都应从工件的边缘尖角处着手，称为斜角起錾，如图 3-21（a）所示。起錾时，錾子尽可能向右斜 45° 左右。从工件边缘尖角处开始，并使錾子从尖角处向下倾斜约 30°，轻打錾子，切入材料。

在錾削槽时，则采用正面起錾法，起錾时，錾子置于工件的中间部位，錾子的切削刃要抵紧起錾部位，錾子头部向下倾斜，使錾子与工件起錾端面基本垂直，如图 3-21（b）所示，然后再轻敲錾子，这样能够比较容易地完成起錾工作。

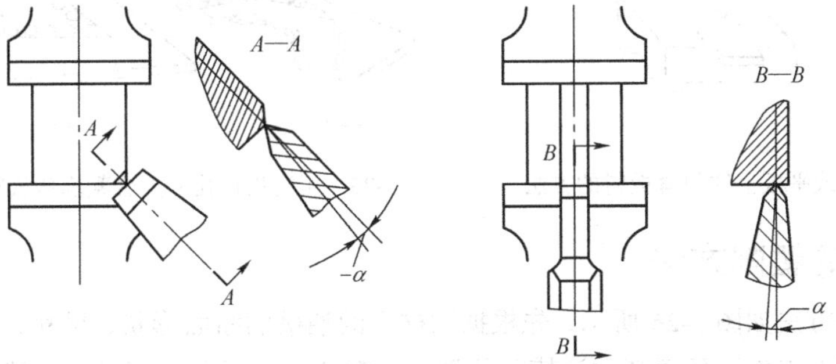

（a）斜角起錾　　（b）正面起錾

图 3-21　起錾方法

（十）常见形状工件的錾削方法

1. 大平面錾削方法

大平面錾削如图 3-22 所示，錾削时，可先用尖錾间隔开槽，槽的深度应保持一致，然后再用扁錾錾去剩余的部分，这样比较省力。

2. 薄板料的錾削方法

在台虎钳上錾削薄板料的方法如图 3-23 所示，对于尺寸较小的薄板料，板料要按划线与钳口平齐，用扁錾沿着钳口并斜对着板料（约成 45° 角）自右向左錾削。錾削时，錾子的刃口不能正对着板料錾削。

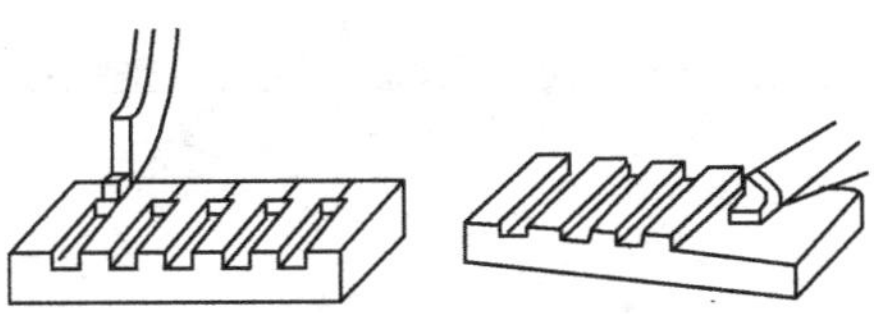

（a）　　（b）

图 3-22　大平面錾削

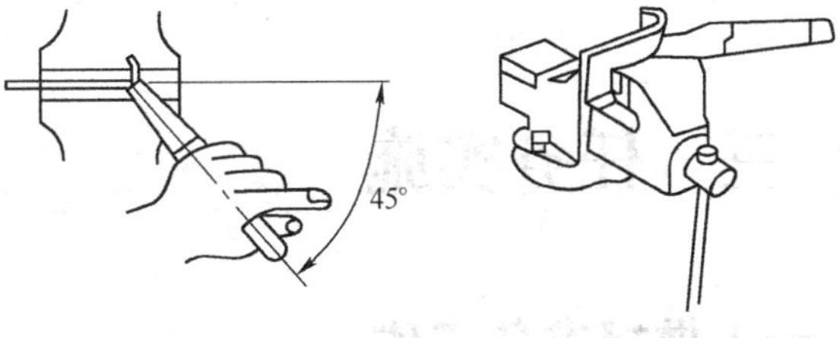

（a）　　（b）

图 3-23　在台虎钳上錾削薄板料的方法

在铁砧上或平板上錾削薄板料的方法如图 3-24 所示，对于尺寸较大的薄板料，錾削时，应选用切断用的錾子，并且其切削刃应磨有适当的弧形，这样便于錾削和錾痕对齐。

用密集钻孔配合錾削薄板料的方法如图 3-25 所示，对于轮廓形状较复杂的薄板料，錾削时，为了尽量减少变形，一般先用钻头按要求加工轮廓线。钻出密集的孔，如图 3-25（a）所示，再用扁錾、尖錾逐步錾削，如图 3-25（b）所示。

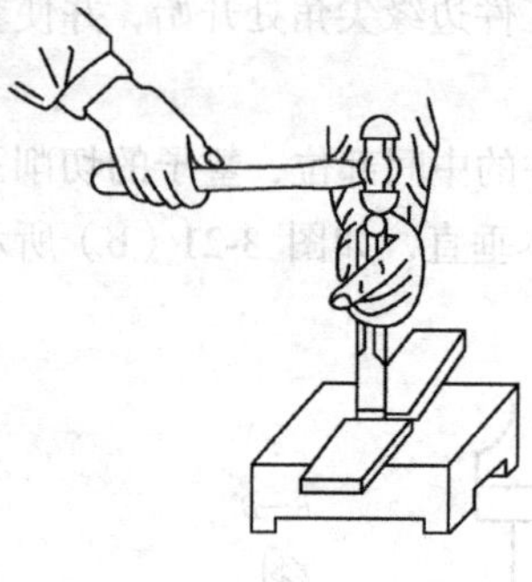

图 3-24 在铁砧上或平板上錾削薄板料的方法

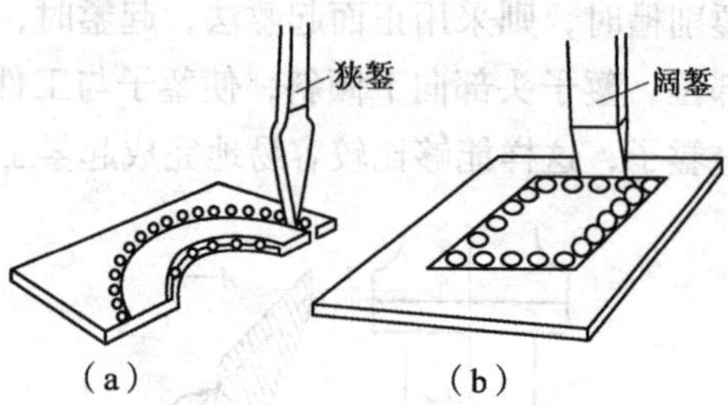

图 3-25 用密集钻孔的配合錾削薄板料的方法

3. 油槽的錾削方法

油槽的錾削方法如图 3-26 所示，先根据图样上的油槽的断面形状、尺寸，刃磨好油槽錾子的切削部分。再在工件需要錾削的油槽部位划线。錾削时，錾子的倾斜角需随曲面而变动，保持錾削时的后角不变，这样錾出的油槽光滑且一致。錾削结束后，还要修光槽边的毛刺。

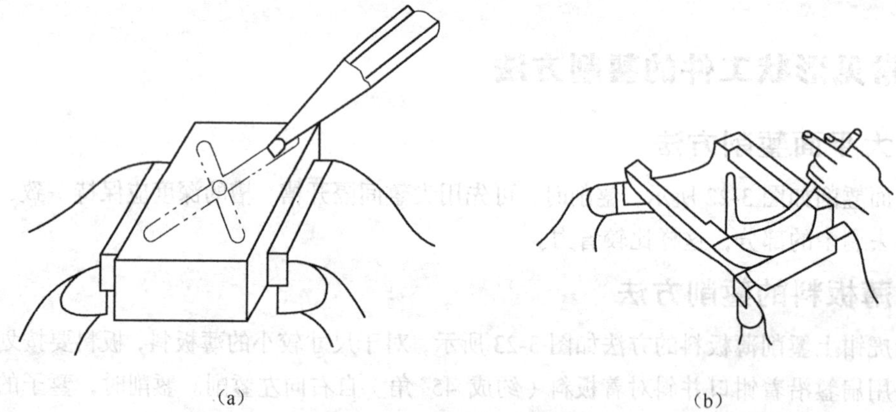

图 3-26 油槽的錾削方法

三、任务实施

（一）做好准备工作

① 按样图划好线。

② 在虎钳上夹好工件。

③ 握好錾子和锤子。

④ 站立好。

（二）起錾

（三）正常錾削

錾削时，左手握好錾子，眼睛注视刀刃处，右手挥锤锤击，一般应使后角保持在 5°～8° 之间。后角过大，錾子易向工件深处扎入；后角过小，錾子易从錾削部位滑出。錾削深度每次以 0.5～2mm 为宜。如錾削余量大于 2mm，可分几次錾削。一般每錾削两三次后，可将錾子退回一些，作一次短暂的停顿，然后再将刀刃顶住錾削处继续錾削，这样既可随时观察錾削表面的平整情况，又可使手臂肌肉有节奏地得到放松。

（四）结束錾削

当錾削到工件尽头时，要防止工件材料边缘崩裂，脆性材料尤其需要注意。因此，錾到尽头 10mm 左右时，必须调头錾去其余部分，如图 3-27（a）所示。

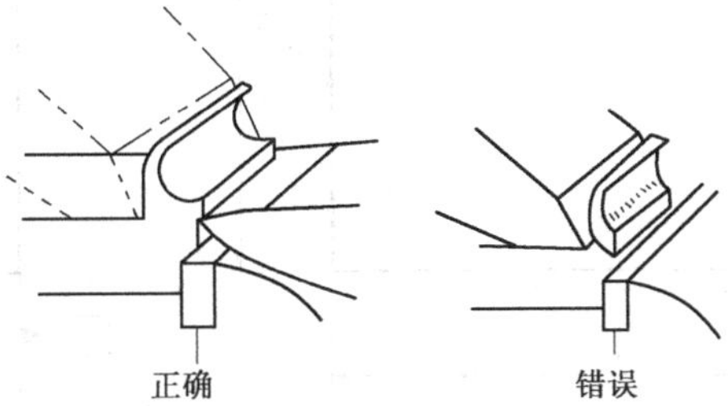

（a）正确结束錾削方法　（b）错误结束錾削方法

图 3-27　结束錾削方法

（五）清理现场

錾削结束后，应修光錾削边的毛刺，并将工量具收好，做好现场清洁工作。

四、拓展知识

錾削时应注意的事项如下。

① 工件必须固定牢靠。

② 錾子和锤子不得有飞边，若发现有，应立即把他们磨掉或更换。

③ 錾削时，操作者应注视錾刃，以防錾子伤人。

④ 錾屑要用刷子刷掉，不得用手擦或用嘴吹。

⑤ 锤子的木柄不得有松动，若发现有松动应立即装牢或更换。

任务三　工件锉削

一、任务导入

锉削尺寸为 105mm×62mm×10mm 的 45 钢板，达到如图 3-28 所示的要求。

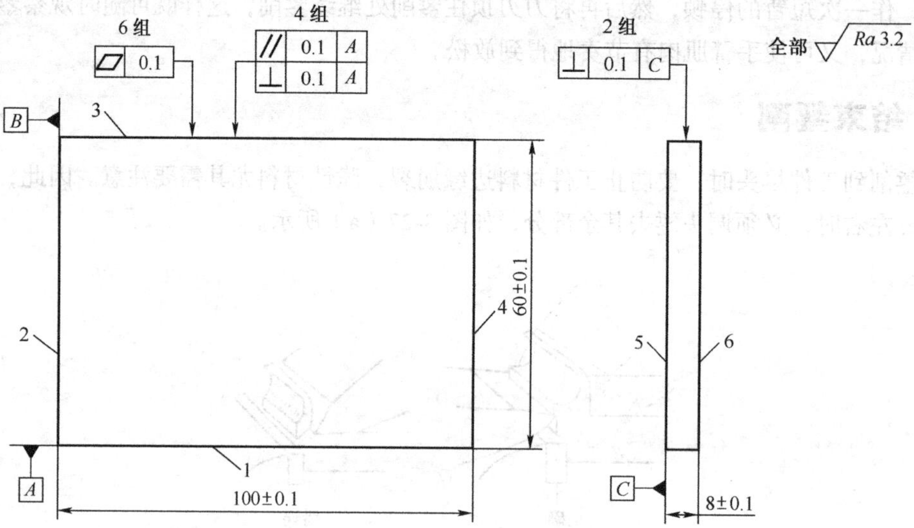

图 3-28　工件锉削练习图样

二、相关知识

（一）锉刀的结构和种类

锉刀的结构和种类如表 3-4 所示。

表 3-4　锉刀的结构和种类

序号	名称	图示	说明
1	锉刀的结构	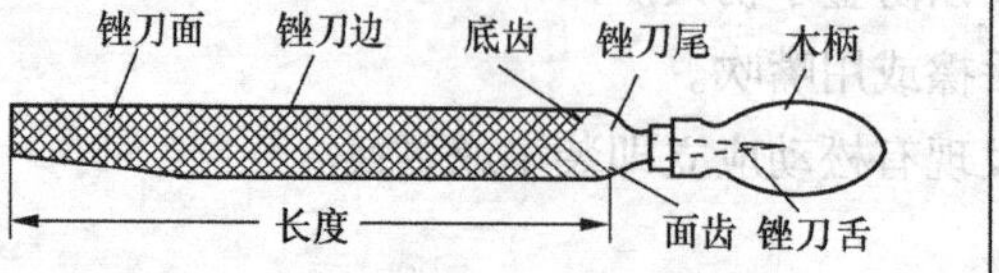	（1）用高碳工具钢 T12、T13A 等制成。 （2）锉齿是在剁锉机上剁出来的。 （3）锉刀由锉身和锉柄两部分组成。而锉身由锉齿、锉刀面、锉刀边、底齿、锉刀尾、锉刀舌和面齿等组成

续表

序号	名称	图示	说明
2	锉刀的种类	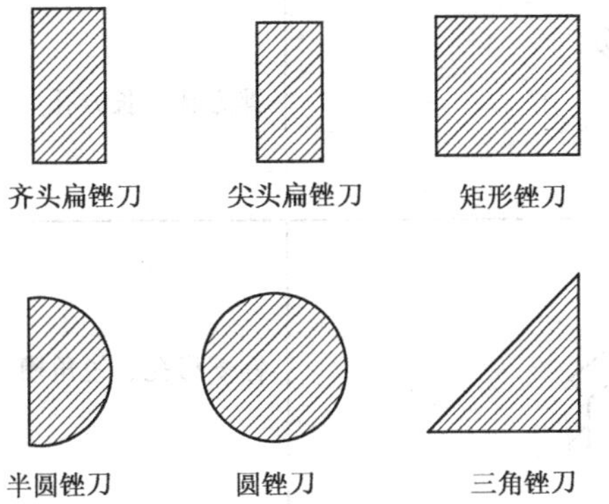	(1)锉刀按用途不同分为：钳工锉、特种锉和整形锉（或称什锦锉）三类。 (2)普通锉按截面形状不同分为：平锉、方锉、圆锉、半圆锉和三角锉五种。 (3)按其长度可分为：100mm、125mm、150mm、200mm、250mm、300mm、350mm、400mm 等多种。 (4)按其齿纹可分为：单齿纹、双齿纹。 (5)按其齿纹蔬密可分为：粗齿（4～12 齿/10mm）、细齿（13～24 齿/10mm）和油光锉（30～36 齿/10mm）等

（二）锉刀的选用方法

每种锉刀都有各自的用途，选用锉刀时，应该根据被锉削工件表面的形状和大小选择锉刀。

1. 锉刀断面形状和大小的选择方法

锉刀断面形状和大小应适应工件加工表面的形状和大小，因此锉刀断面形状应根据被锉削工件的表面形状和大小来选用，如表 3-5 所示。

表 3-5　　锉刀断面形状和大小的选择方法

序号	名称	图示	说明
1	扁锉刀	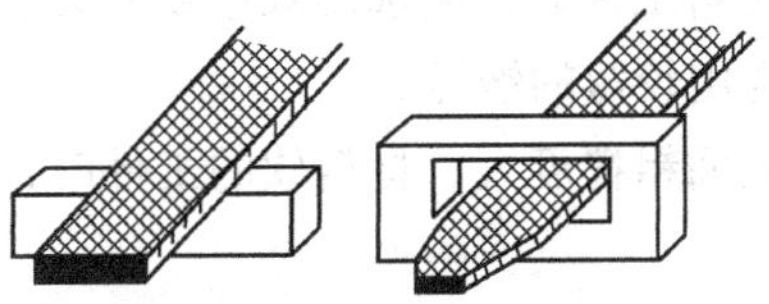	锉平面、外圆、凸弧面
2	半圆锉刀	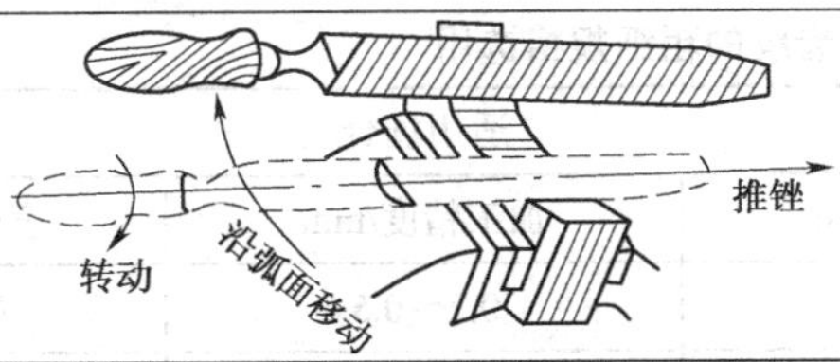	锉凹弧面、平面
3	圆锉刀	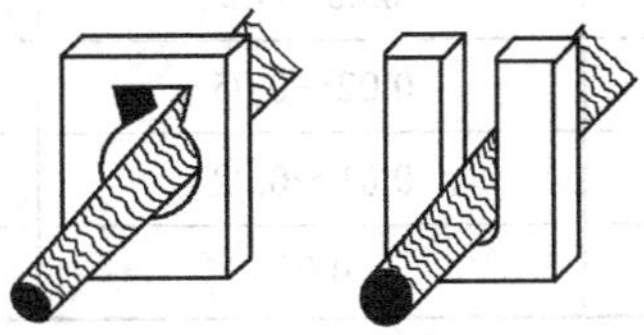	锉圆孔、半径较小的凹弧面、内椭圆面
4	三角锉刀	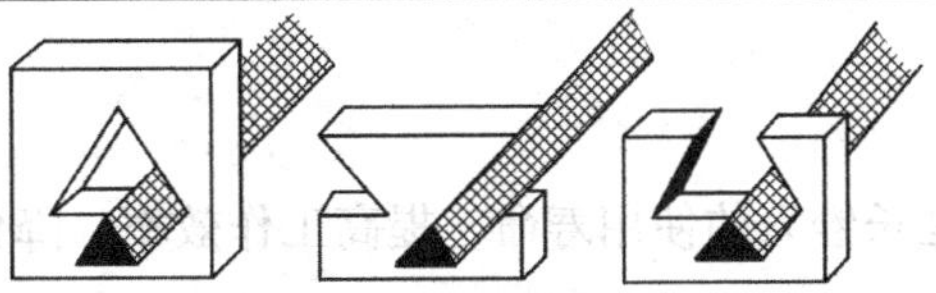	锉内角、三角孔、平面

续表

序号	名称	图示	说明
5	方锉刀		锉方孔、长方孔
6	菱形锉刀	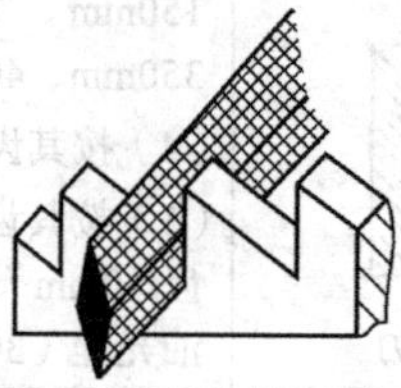	锉菱形孔、锐角槽
7	刀口锉刀	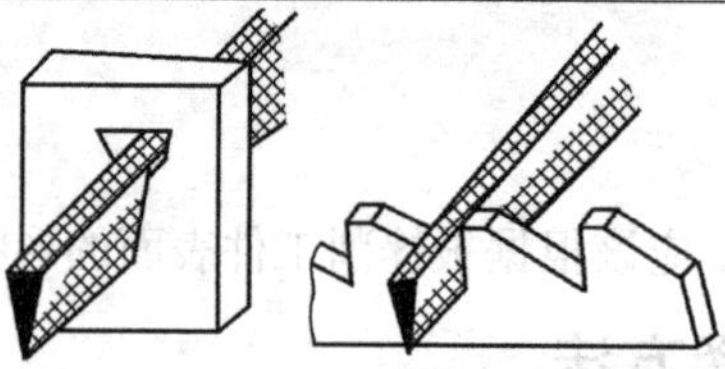	锉内角、窄槽、楔形槽，锉方孔、三角孔、长方孔的平面

2. 锉刀齿纹的粗细规格选用方法

锉刀齿纹的粗细规格选用时，应根据所加工工件材料的软硬、加工余量的大小、加工精度的高低和表面粗糙度的大小来选择。

锉削有色金属等软材料工件时，应选用单齿纹锉刀，否则只能选用粗锉刀，因为用细锉刀去锉软材料易被切屑堵塞。锉削钢铁等硬材料工件时，应选用双齿纹锉刀。加工面尺寸和加工余量较大时，宜选用较长的锉刀；反之则选用较短的锉刀。

锉削加工余量大、尺寸精度要求低、表面粗糙度大、材料软的工件时，宜选用粗锉刀，反之应选用细锉刀，如表 3-6 所示。

表 3-6　　锉刀齿纹的粗细规格选用

锉刀粗细	适用场合		
	加工余量/mm	加工精度/mm	表面粗糙度/μm
1 号（粗齿锉刀）	0.5～1	0.2～0.5	*Ra* 100～25
2 号（中齿锉刀）	0.2～0.5	0.05～0.2	*Ra* 25～6.3
3 号（细齿锉刀）	0.1～0.3	0.02～0.05	*Ra* 12.5～3.2
4 号（双细齿锉刀）	0.1～0.2	0.01～0.02	*Ra* 6.3～1.6
5 号（油光锉）	0.1 以下	0.01	*Ra* 1.6～0.8

（三）锉刀的保养方法

合理使用和正确保养好锉刀，能延长锉刀的使用寿命，提高工作效率，降低生产成本。因此，应注意以下几个方面。

（1）为防止锉刀过快磨损，不要用锉刀锉削毛坯件的硬皮或工件的淬硬表面，而应先用其它工具或用锉梢前端、边齿加工。

（2）锉削时应先用锉刀一面，待这个面用钝后再用另一面。因为使用过的锉齿易锈蚀。

（3）锉削时要充分使用锉刀的有效工作面，避免局部磨损。

（4）不能用锉刀作为装拆、敲击和撬物的工具，防止因锉刀材质较脆而折断伤人。

（5）用整形锉和小锉刀时，用力不能太大，以免锉刀折断。

（6）锉刀要防水防油。沾水后的锉刀易生锈，沾油后的锉刀在工作时易打滑。

（7）锉削过程中，若发现锉纹上嵌有切屑，要及时将其去除，以免切屑刮伤加工面。锉刀用完后，要用锉刷或铜片顺着锉纹刷掉残留下的切屑，以防生锈，如图 3-29 所示。

（8）放置锉刀时要避免与硬物相碰，避免锉刀与锉刀重叠堆放，防止损坏锉齿。

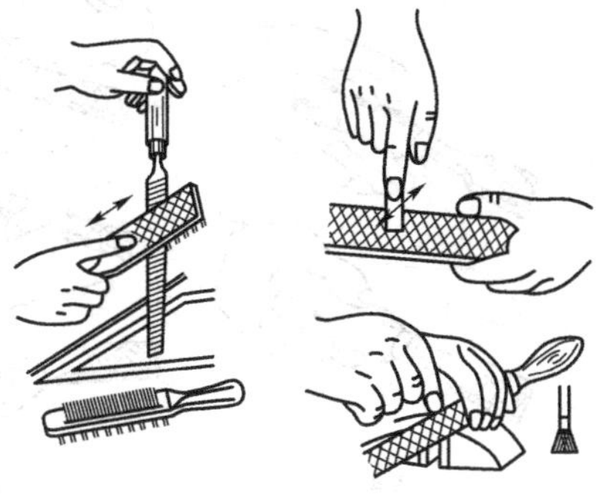

（a）用钢丝刷　　（b）用铜片

图 3-29　清除锉屑

（四）锉刀手柄的安装和拆卸方法

锉刀手柄的安装和拆卸方法如图 3-30（a）所示，安装时，先用两手将锉柄自然插入，再用右手持锉刀轻轻镦紧，或用手锤轻轻击打直至插入锉柄长度约为 3/4 为止，手柄安装孔的深度和直径不能过大或过小。图 3-30（b）为错误的安装方法，因为单手持木柄镦紧，可能会使锉刀因惯性大而跳出木柄的安装孔。

手柄的拆卸方法如图 3-30（c）所示，在台虎钳钳口上轻轻将木柄敲松后取下。

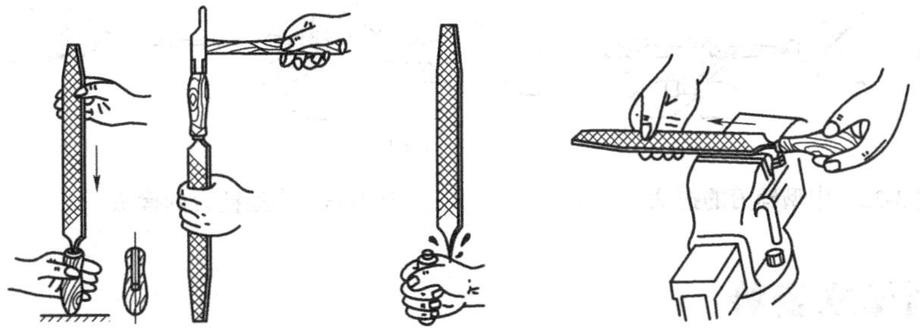

（a）　　（b）　　（c）

图 3-30　锉刀手柄的安装和拆卸方法

钳工锉只有在装上手柄后，使用起来才方便省力。手柄常采用硬质木料或塑料制成，圆柱部分供镶铁箍用，以防止松动或裂开。手柄表面不能有裂纹和毛刺。

（五）锉刀的握法

锉刀的握法随着锉刀的大小和工件的不同而改变。大锉刀的握法如图 3-31 所示，右手拇指放在锉刀柄上面，右手掌心顶住木柄的尾端，其余的手指由下而上握着锉刀柄；而左手在锉刀上的握法有三种，如图 3-31（b）所示，第一种是左手掌斜放在锉梢上方，拇指根部肌肉轻压在锉刀刀头上，中指和无名指抵住梢部右下方；第二种是左手掌斜放在锉梢部，大拇指自然伸出，其余各指自然蜷曲，小拇指、无名指、中指抵住锉刀前下方；第三种是左手掌斜放在锉梢上，各指自然平放。锉削时右手用力推动锉刀，并控制锉削方向，左手使锉刀保持水平位置，并在回程时消除压力或稍微抬起锉刀。

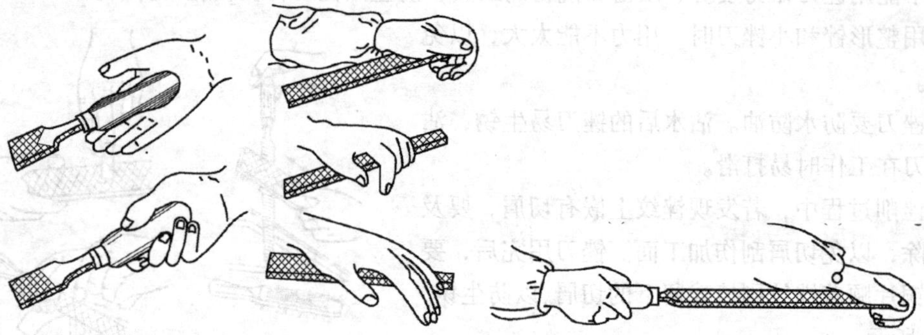

图 3-31　大锉刀的握法

中型锉刀的握法如图 3-32 所示，右手握法和大锉刀握法相同，左手只须用大拇指和食指轻轻地扶导。

小型锉刀的握法如图 3-33 所示，用右手食指伸直，拇指放在锉刀木柄上面，食指靠在锉刀的刀边，左手几个手指压在锉刀中部，如图 3-33（a）所示。更小锉刀（什锦锉）一般只用右手拿着锉刀，食指放在锉刀上面，拇指放在锉刀的左侧，如图 3-33（b）所示。

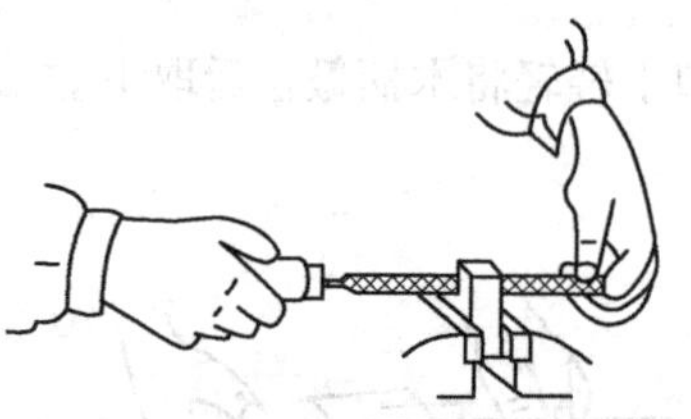

图 3-32　中型锉刀的握法

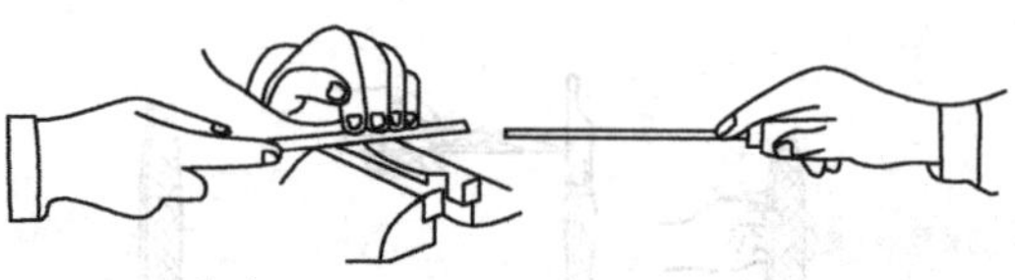

图 3-33　小型锉刀的握法

（六）锉削站立姿势

在虎钳上锉削工件时，操作者应面对虎钳，站立在台虎钳的左侧，两脚的站立位置如图 3-34（a）和图 3-34（b）所示。左脚向前迈半步，与台虎钳中轴线呈 30°，右脚在后，与台虎钳中轴线呈 75°，两脚间的间距与肩同宽，如图 3-34（a）所示。其身体与台虎钳中轴线的垂线成 45°，如图 3-34（b）所示。

锉削站立姿势如图 3-34（c）所示，两脚站稳不动，身体稍向前倾，重心放在左脚上，身体靠左膝弯曲，靠左膝的屈伸而作往复运动。两肩自然放平，目视锉削面，右小臂与锉刀呈一直线，并与锉削面平行，左小臂与锉削面基本保持平行。

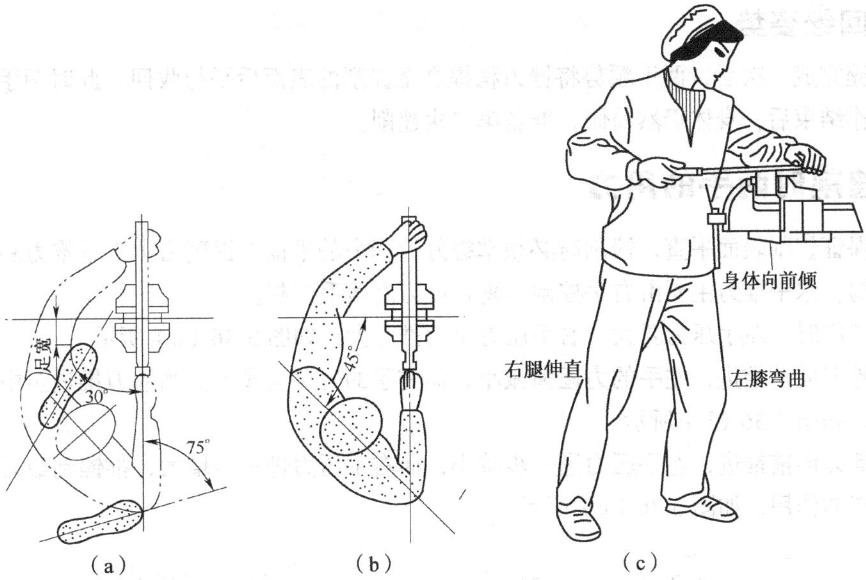

图 3-34　锉削站立姿势

（七）锉削姿势

1. 选好站立位置，站好，握好锉

2. 推锉姿势

开始推锉时，锉刀向前推动，身体适当向前倾斜 10°左右，重心落在左脚上，左膝逐渐弯曲，同时右腿逐渐伸直，如图 3-35（a）所示。

当锉刀推出三分之一行程时，身体向前倾斜到 15° 左右，左膝稍弯曲，如图 3-35（b）所示。

当锉刀推出三分之二行程时，身体向前倾斜到 18°左右，左右臂向前伸出 ，如图 3-35（c）所示。

当锉刀推进最后三分之一行程时，身体不再前移，此时靠锉削的反作用力将身体逐渐回移到 15°左右，左膝也随着减少弯曲度，同时两手臂继续推锉，如图 3-35（d）所示。

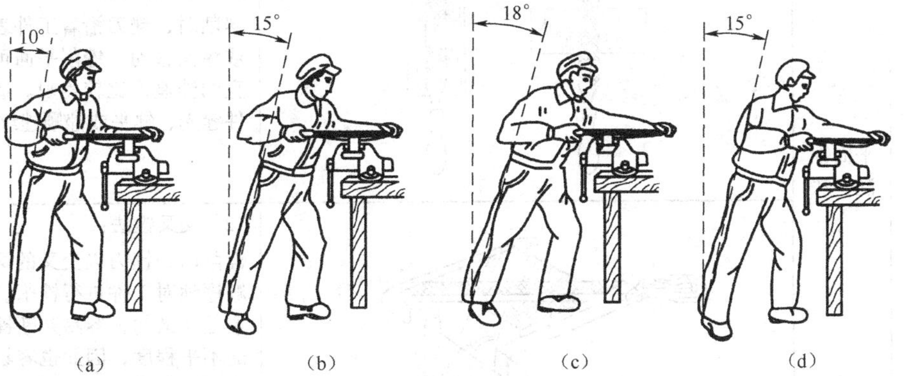

图 3-35　锉削姿势

3. 回锉姿势

当推锉完成一次后，两手顺势将锉刀稍提高至锉削的表面后平行收回，此时两手不加力。当回锉动作结束后，身体仍然前倾，准备第二次锉削。

（八）锉削时两手的用力

为了保证锉削表面平直，锉削时必须掌握好锉削力的平衡。锉削力由水平推力和垂直压力两者合成的，水平推力主要由右手控制，垂直压力由两手控制。

开始锉削时，左手压力要大，右手压力小而推力大，如图 3-36（a）所示。

随着锉刀向前推进，左手的力逐渐减小，而右手的力逐渐增大。当锉刀推进至中间，两手的力相同，如图 3-36（b）所示。

随着锉刀向前推进，左手压力进一步减小，而右手压力进一步增大，推锉到最后阶段，左手只起扶锉的作用，如图 3-36（c）所示。

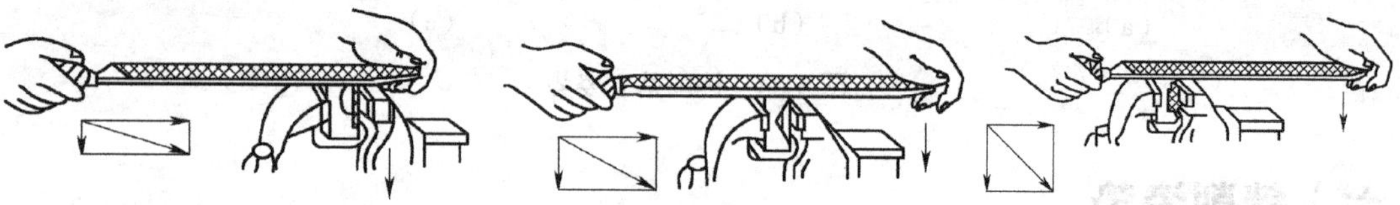

（a）　　（b）　　（c）

图 3-36　锉削时两手的用力

回锉时不加力。锉削速度一般为每分钟 30～60 次。太快，操作者容易疲劳，且锉齿易磨钝。太慢，切削效率低。

（九）常见表面的锉削方法

常见表面的锉削方法如表 3-7 所示。

表 3-7　常见表面的锉削方法

序号	方法	图示	说明
1	平面锉削方法	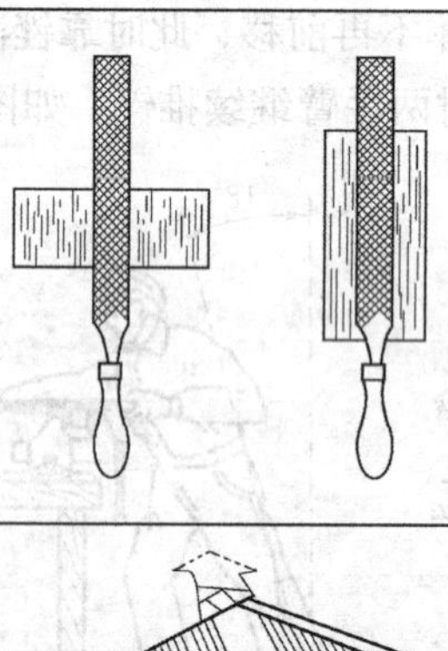	（1）顺向锉法： 锉削时，锉刀沿着工件表面横向或纵向移动，锉削平面可得到正直的锉痕，比较美观。适用于工件锉光、锉平或锉顺锉纹
		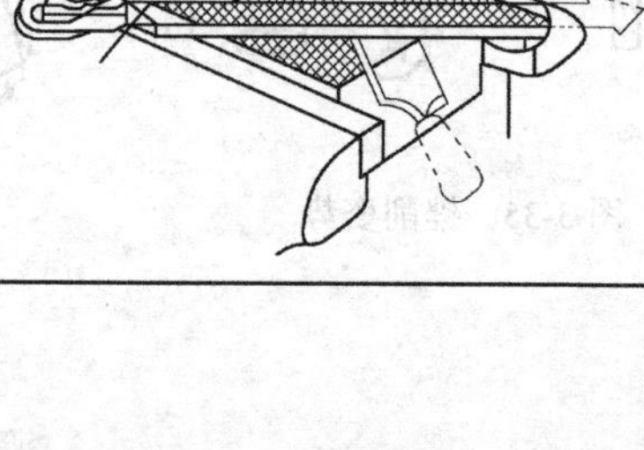	（2）交叉锉法： 锉削时，锉刀以交叉的两个方向顺序地对工件进行锉削。由于锉痕是交叉的，容易判断锉削表面的不平程度，因此也容易把表面锉平，交叉锉法去屑较快，适用于平面的粗锉

续表

序号	方法	图示	说明
1	平面锉削方法	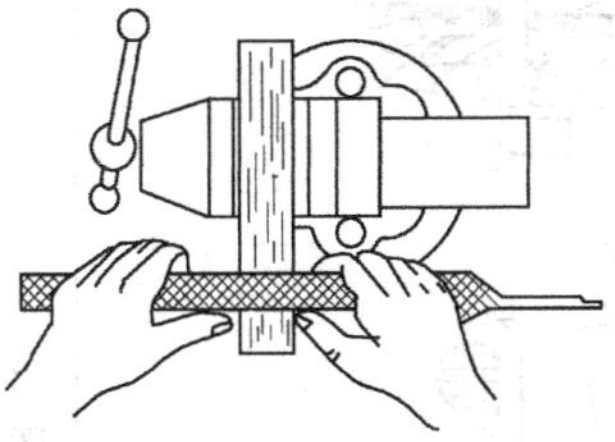	（3）推锉法： 锉削时，两手对称地握着锉刀，用两大拇指推锉刀进行锉削。这种方式适用于较窄表面且已锉平、加工余量较小的情况，来修正和减少表面粗糙度
2	曲面的锉削方法	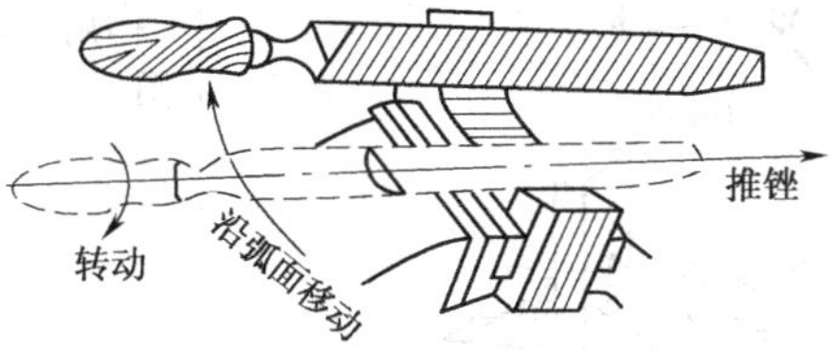	（1）内曲面锉削方法： 一般选用圆锉或半圆锉。 推锉时，锉刀向前运动的同时，锉刀还沿内曲面作左或右移动，手腕作同步的转动动作。 回锉时，两手将锉刀稍微提起放回原来位置
		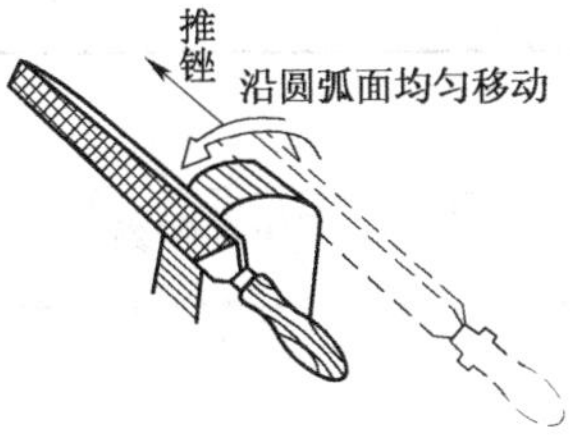 (a) 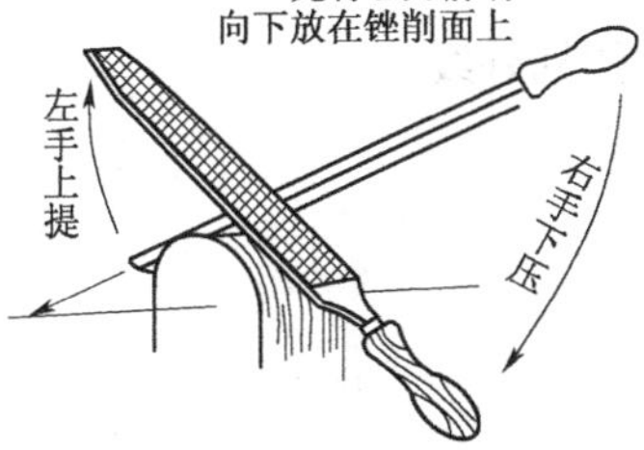 (b)	（2）外曲面锉削方法： 一般选用平锉。 顺向锉法（图 a）：这种锉削方法易掌握且加工效率高，但只能锉削成近似圆弧的多棱形面。所以加工余量较大，适用于粗锉。 横向锉法（图 b）：锉削时，锉刀顺着圆弧方向向前推进的同时，右手下压，左手随着上提。这种锉削方法锉出的外曲面圆滑、光洁，但效率较小，适用于精锉
		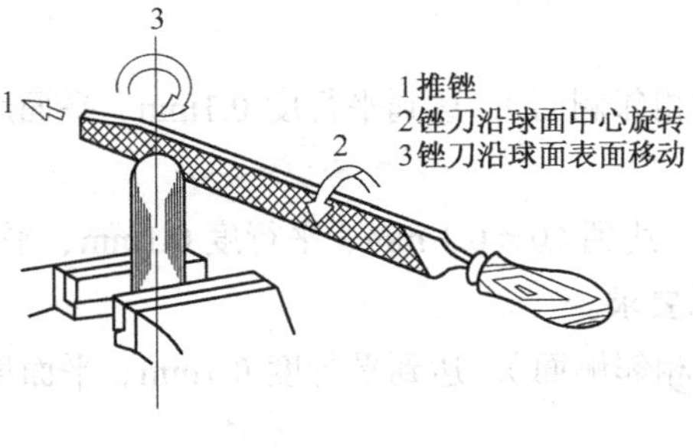	（3）球曲面锉削方法： 一般选用平锉。 锉刀向前稍作推进时，即须作前后和左右的摆动

续表

序号	方法	图示	说明
3	通孔的锉削方法	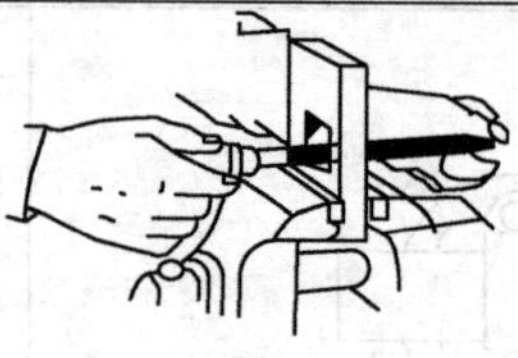 (a) 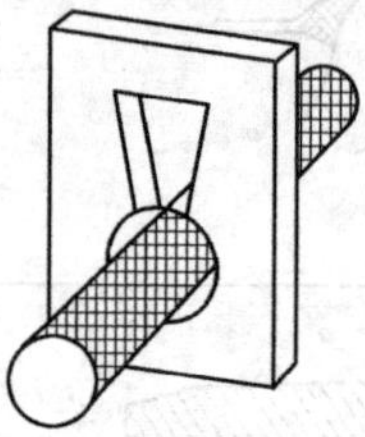 (b) 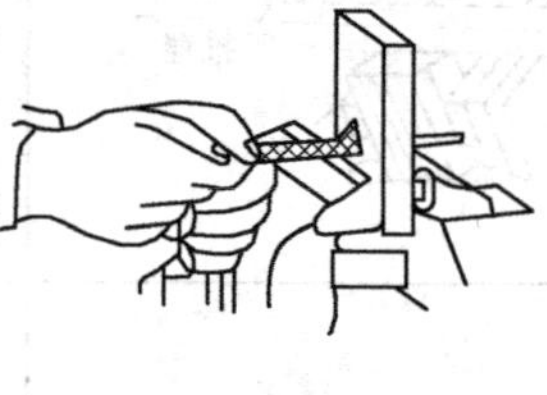 (c)	(1)用平锉刀锉削较大的方孔[见图(a)]。 (2)用圆锉刀锉削圆孔[见图(b)]。 (3)用三角锉锉削较大的方孔[见图(c)]。

三、任务实施

(一)做好准备工作

① 检查来料是否符合要求，并按样图划好线。

② 在虎钳上夹好工件。

③ 选好锉刀，并握好锉刀。

④ 站立好，并摆好锉削姿势。

(二)锉削各平面

① 粗精锉第 5 面（基准面 *C*），达到平面度 0.1mm 和表面粗糙度 *Ra*≤3.2μm 的要求。

② 粗精锉第 6 面（基准面 *C* 的对面），达到 10 ± 0.1 mm、平行度 0.1mm、平面度 0.1mm 和表面粗糙度 *Ra*≤3.2μm 的要求。

③ 粗精锉 1 面（基准面 *C* 的相邻侧面），达到平行度 0.1mm、平面度 0.1mm 和表面粗糙度 *Ra*≤3.2μm 的要求。

④ 粗精锉 3 面（1 面的对面），达到 60 ± 0.1 mm、平行度 0.1mm、平面度 0.1mm、垂直度 0.1mm 和表面粗糙度 *Ra*≤3.2μm 的要求。

⑤ 粗精锉 2 面（基准面 *C* 的相邻侧面），达到平行度 0.1mm、平面度 0.1mm 和表面粗糙度 *Ra*≤3.2μm 的要求。

⑥ 粗精锉 4 面（基准面 C 的相邻侧面），达到 100 ± 0.1 mm、平行度 0.1mm、平面度 0.1mm 和表面粗糙度 $Ra \leqslant 3.2\mu m$ 的要求。

（三）检查

全面检查，并作必要的修整。

（四）清理现场

锉削结束后，锐边倒角去毛刺，并将工量具收好，做好现场清洁工作。

四、拓展知识

（一）锉削时常见的问题和防止方法

锉削时常见的问题和防止方法如表 3-8 所示。

表 3-8　锉削时常见的问题和防止方法

序号	常见问题	产生原因	防止方法
1	工件表面夹伤或变形	（1）台虎钳未装软钳口。 （2）夹紧力过大	（1）夹持精加工表面时要装软钳口。 （2）夹紧力要适当
2	工件尺寸超差	（1）划线不准确。 （2）未及时测量尺寸或测量不准确	（1）要按图样正确划线，并校对。 （2）经常测量，做到心中有数
3	工件表面粗糙度超差	（1）锉刀齿纹选用不当。 （2）锉纹中间嵌有锉屑未及时清除。 （3）粗、精锉削加工余量选用不当。 （4）直角边锉削时未选用光边锉刀	（1）合理选用锉刀。 （2）要及时清理锉屑。 （3）要正确选用加工余量。 （4）直角边锉削时要选用光边锉刀
4	工件平面度超差（中凸、塌边或塌角）	（1）选用锉刀不当或锉刀面中凸。 （2）锉削时双手推力、压力应用不协调。 （3）未及时检查平面度就改变锉削方法	（1）合理选用锉刀。 （2）锉削时双手推力、压力应用要协调。 （3）经常测量，做到心中有数

（二）锉削时应注意的事项

① 锉刀必须装柄使用，以免刺伤手腕。松动的锉刀柄应装紧后再用。

② 不准用嘴吹锉屑，也不要用手清除锉屑。当锉刀堵塞后，应用钢丝刷顺着锉纹方向刷去锉屑。

③ 对铸件上的硬皮或粘砂、锻件上的飞边或毛刺等，应先用砂轮磨去，然后锉屑。

④ 锉屑时不准用手摸锉过的表面，因手有油污、再锉时打滑。

⑤ 锉刀不能作撬棒或敲击工件，防止锉刀折断伤人。

⑥ 放置锉刀时，不要使其露出工作台面，以防锉刀跌落伤脚；也不能把锉刀与锉刀叠放或锉刀与量具叠放。

任务四　工件钻孔

一、任务导入

在如图 3-28 所示的锉削后得到的钢板上钻孔，达到如图 3-37 所示的要求。

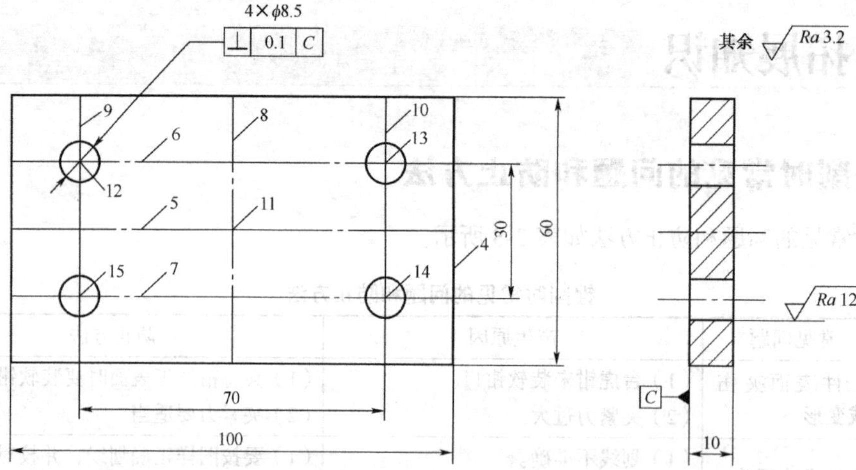

图 3-37　钻孔练习图样

二、相关知识

（一）常用钻孔设备和工具（见表 3-9）

表 3-9　常用孔加工设备和工具

序号	名称	图示	说明
1	台式钻床	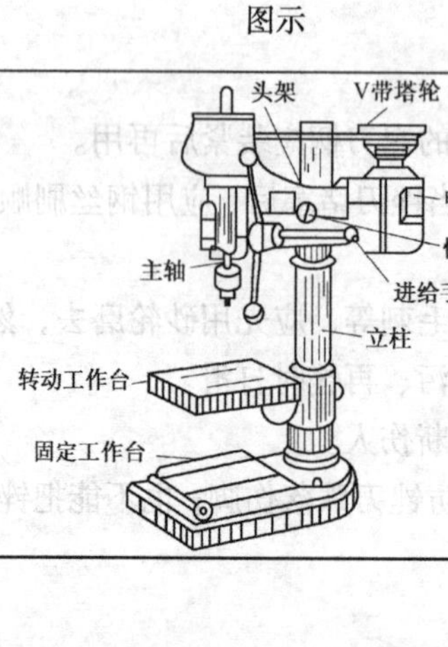	简称台钻，它小巧灵活，使用方便，结构简单，主要用于加工小型工件上的 $d \leqslant 12$mm 各种小孔。钻孔时只要拨动进给手柄使主轴上下移动，就可实现进给和退刀

续表

序号	名称	图示	说明
1	立式钻床	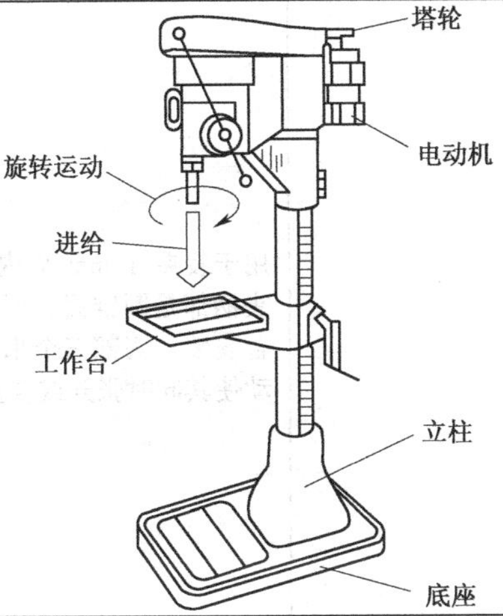	简称立钻，与台钻相比，它刚性好、功率大，因而允许钻削较大的孔，生产率较高，加工精度也较高。适用于单件、小批量生产中加工中、小型零件的孔
	摇臂钻床	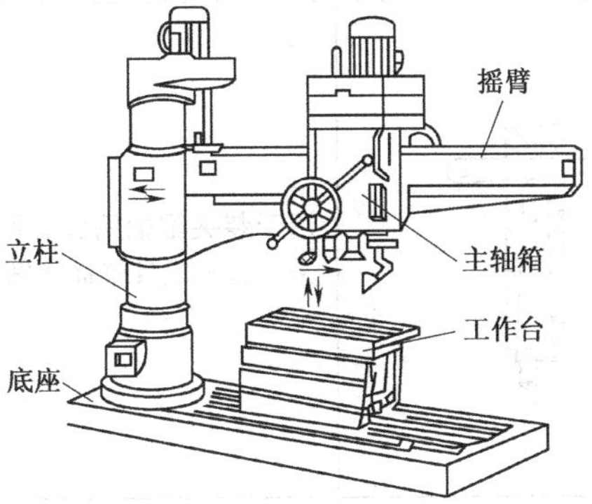	它有一个能绕立柱旋转的摇臂、摇臂带着主轴箱可沿立柱垂直移动，同时主轴箱还能摇臂上作横向移动。因此操作时能很方便地调整刀具的位置，以对准被加工孔的中心，而不需移动工件来进行加工。它适用于一些笨重的大工件以及多孔工件的孔加工
2	钻头	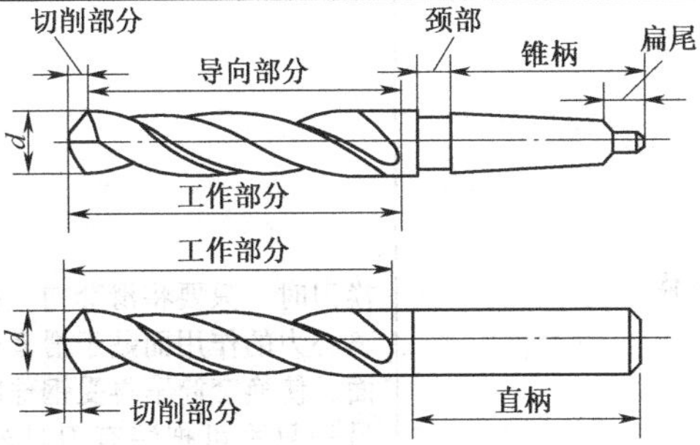 （a） 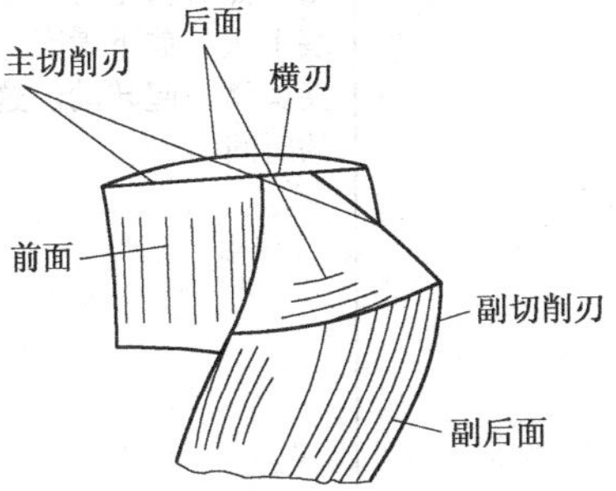 （b）	钻头由柄部、颈部和工作部分组成。 （1）柄部：是钻头的夹持部分，起传递动力的作用，柄部有直柄和锥柄两种，直柄传递扭矩较小，一般用在直径不大于 13mm 的钻头上；锥柄可传递较大扭矩，用在直径大于 13mm 的钻头上。 （2）颈部：是砂轮磨制钻头时供砂轮退刀用的，钻头的直径大小等一般也刻在颈部上。 （3）工作部分：它包括导向部分和切削部分。导向部分有两条螺旋槽和两条狭长的螺旋形棱边与螺旋槽表面相交成两条棱刃。棱边的作用是引导钻头和修光孔壁；两条对称螺旋槽的作用是排除切屑和输送切削液。切削部分有两条主切削刃、一条横刃、两个前面和和两个后面组成

续表

序号	名称	图示	说明
3	钻夹头	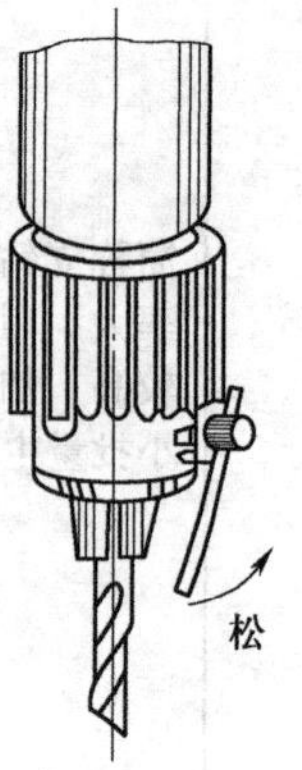	用于装夹 13mm 以内的直柄钻头。钻夹头柄部是圆锥面，可与钻床主轴内孔配合安装；头部三个爪可通过紧固扳手转动使其同时张开或合拢
4	普通钻头套	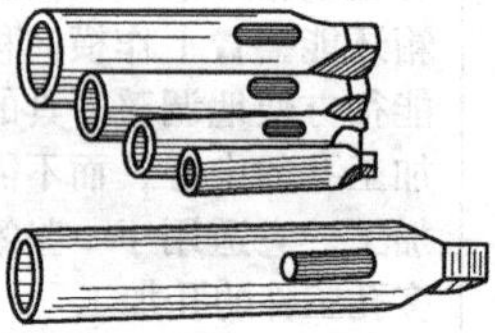 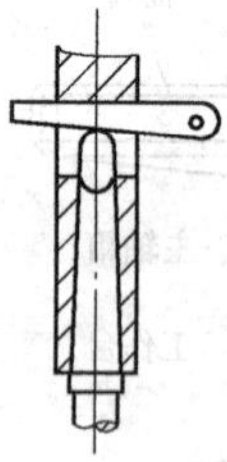	用于装夹锥柄钻头。钻套一端孔安装钻头，另一端外锥面接钻床主轴内锥孔
5	快换钻头套	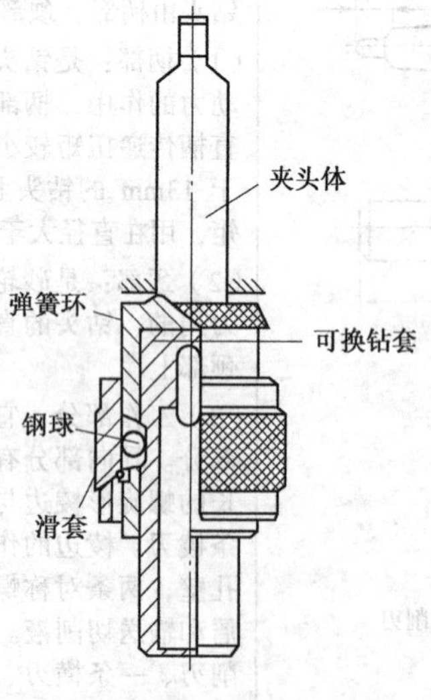	换刀时，只要将滑套向上提起，钢珠受离心力的作用而贴于滑套端部的大孔表面，使换套筒不再受钢珠的卡阻，此时另一只手可把装有刀具的可换套筒取出，然后再把另一个装有刀具的可换套装上去。放下滑套，两粒钢珠重新卡入夹头体一起转动。这样可大大减少换刀的时间

（二）标准麻花钻头的结构要素（见表 3-10）

表 3-10　　标准麻花钻头的结构要素

序号	名称	图示	说明
1	顶角 2φ	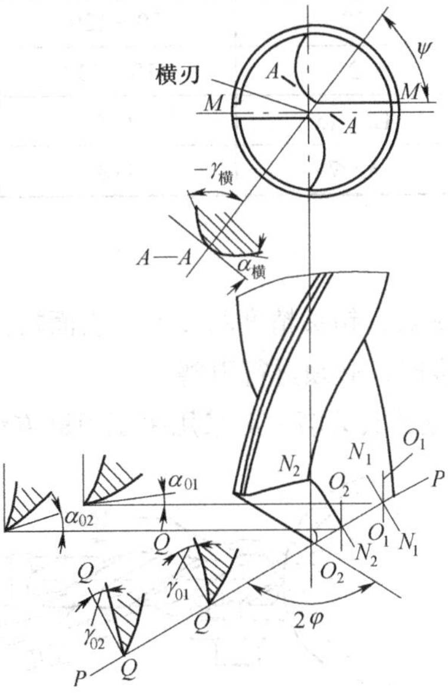	它是钻头两主切削刃在其平面 M-M 上的投影所夹的角。标准麻花钻的顶角 2φ 为 118°±2°
2	后角 α_f		它是后面与切削平面之间的夹角
3	横刃斜角 ψ_0		它是横刃与主切削刃在垂直于钻头轴线平面上投影所夹的角。标准麻花钻的横刃斜角 ψ_0 为 50°～55°
4	前角 γ_0		主切削刃上任意前角是这一点的基面与前面之间的夹角
5	副后角		它是副削刃上副后面与孔壁切线之间的夹角。标准麻花钻的副后角为 0°
6	螺旋角β		它是主切削刃上最外缘处螺旋线的切线与钻头轴心线之间的夹角。当钻头直径大于 10mm 时，β=30°，当钻头直径小于 10mm，β=18°～30°

（三）通用麻花钻的主要几何参数（见表 3-11）

表 3-11　　通用麻花钻的主要几何参数

钻头直径 *d*/mm	螺旋角/（°）	后角/（°）	顶角/（°）	横刃斜角/（°）
0.36～0.49	20	26		
0.50～0.70	22	24		
0.72～0.98	23	24		
1.00～1.95	24	22		
2.00～2.65	25	20		
2.70～3.30	26	18		
3.40～4.70	27	16	118	40～60
4.80～6.70	28	16		
6.80～7.50	29	16		
7.60～8.50	29	14		
8.60～18.00	30	12		
18.25～23.00	30	10		
23.25～100	30	8		

（四）加工不同材料时麻花钻头的几何角度（见表 3-12）

表 3-12　加工不同材料时麻花钻头的几何角度

加工材料	螺旋角/（°）	后角/（°）	顶角/（°）	横刃斜角/（°）
一般材料	20～32	12～15	116～118	35～45
一般硬材料	20～32	6～9	116～118	25～35
铝合金（通孔）	17～20	12	90～120	35～45
铝合金（深孔）	32～45	2	118～130	35～45
软黄铜和青铜	10～30	12～15	118	35～45
硬青铜	10～30	5～7	118	25～35

（五）钻头的刃磨方法

钻头的质量直接关系到钻头切削能力的优劣、钻头精度的高低、表面粗糙度的大小等。当钻头磨钝或在不同材料上钻孔要改变切削角度时，必须进行刃磨。

麻花钻头的刃磨方法如图 3-38 所示。麻花钻头刃磨一般采用手工刃磨方法，这种方法在砂轮机上进行，一般选择粒度为 F46～F80、硬度为中软级的氧化铝砂轮为宜。砂轮旋转必须平稳，对跳动大的砂轮必须进行修磨，主要刃磨钻头两个主后刀面。

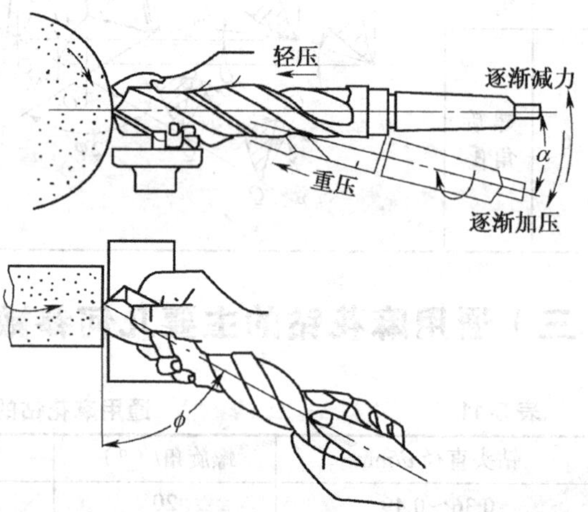

图 3-38　刃磨钻头

钻头刃磨时，右手握住钻头导向部分前端，右手作为定位支点，使其绕轴线转动，使钻头整个后刀面都磨到，并对砂轮施加压力。左手握住钻头的柄部作上下弧形摆动，使钻头磨出正确的后角。刃磨时，钻头轴心线和砂轮圆柱母线在水平面内的夹角呈 ϕ 角（为钻头顶角的一半）。开始刃磨时，钻头轴心线要与砂轮中心水平线一致，主切削刃保持水平，同时用力要轻。随着钻尾向下倾斜，钻头绕其轴线向上逐渐旋转 15°～30°，使后面磨成一个完整的曲面。旋转时加在砂轮上的力也逐渐增加，返回时压力逐渐减小。刃磨一二次后，转 180°后再刃磨另一面。刃磨时，两手动作的配合要协调、自然，要适时将钻头浸入水中冷却，以防止因过热退火而降低硬度。

（六）钻头刃磨的检验方法

在钻头刃磨过程中，要随时检查钻头角度的正确性和两主切削刃的对称性，通常用样板法检查钻头角度的正确性，用目测法检查钻头两主切削刃的对称性。

1. 用样板法检验角度的正确性的方法

钻头的几何角度和两主切削刃的对称性等要求，可用检验样板进行检验，如图 3-39 所示。

2. 用目测法检验检查钻头两主切削刃的对称性的方法

把钻头竖立在眼前，双目平视两主切削刃，背景要清淅，为了避免视差，应将钻头旋转 180° 后反复观察几次，结果一样，就说明是对称的，如图 3-40 所示。

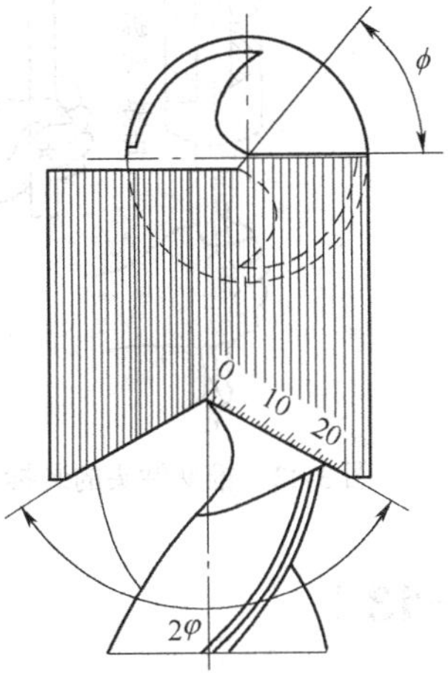

图 3-39　样板法检验角度的正确性

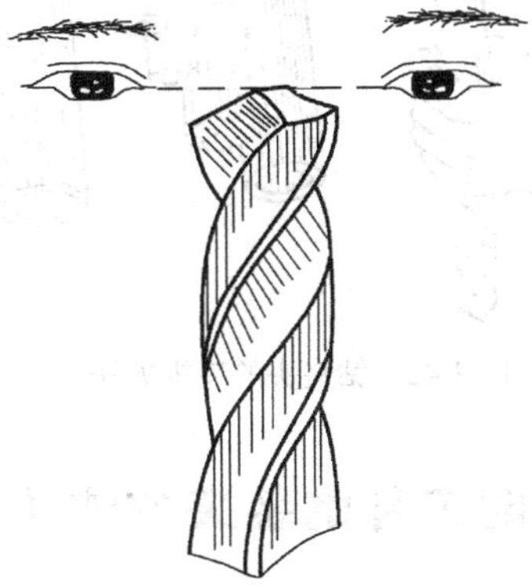

图 3-40　目测法检验检查两主切削刃的对称性

（七）钻头的装拆方法

1. 直柄钻头的装拆方法

安装直径小于 13 mm 的直柄钻头时，在钻夹头中夹持钻头，钻头伸入钻夹头中的长度不小于 15mm，通过钻夹头上的三个小孔来转动钻夹头上的钥匙，使三个卡爪缩进，将钻头夹紧。

直柄钻头的拆卸方法如图 3-41 所示，通过钻夹头上的三个小孔来转动钻夹头上的钥匙，使三个卡爪伸出至与三个卡爪头下端平齐，将钻头松开，钻头自然落下。

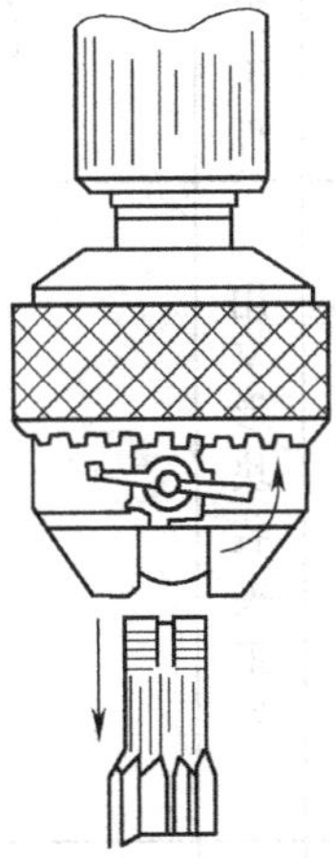

图 3-41　直柄钻头的装拆方法

2. 锥柄钻头的装拆方法

安装直径大于 13 mm 的锥柄钻头时，用柄部的莫氏锥体直接与钻床主轴的内莫氏锥度相连，而较小的钻头不能钻床主轴的内莫氏锥度相连，必须使用相应的钻套与其相联接起来才能进行钻孔。每个钻套上端有一扁尾，套筒内腔和主轴锥孔上端均有一扁槽，安装方法如图 3-42 所示，先选好钻头或钻夹套，再沿锥孔方向，并利用加速冲击力一次装入扁槽中，以传递转矩，使钻头顺利切削。

拆卸锥柄钻头的方法如图 3-43 所示，先将楔铁插入套筒或主轴上锥孔的扁槽内，注意楔铁带圆弧的一边放在上面。再用锤子敲击楔铁，钻头与主轴就可分离。

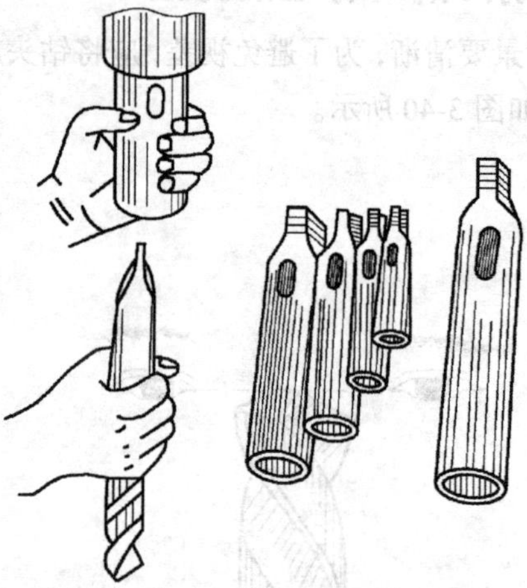

图 3-42　钻夹头的装拆方法

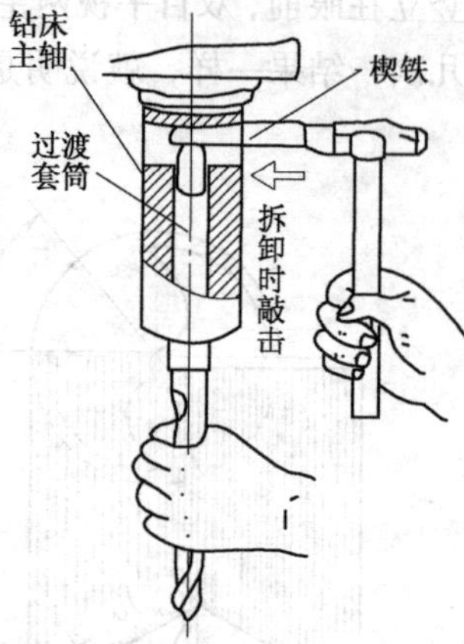

图 3-43　锥柄钻头的装拆方法

（八）钻孔时工件的装夹方法（见表 3-13）

表 3-13　钻孔时工件的装夹方法

序号	方法	图示	说明
1	用平口钳装夹工件	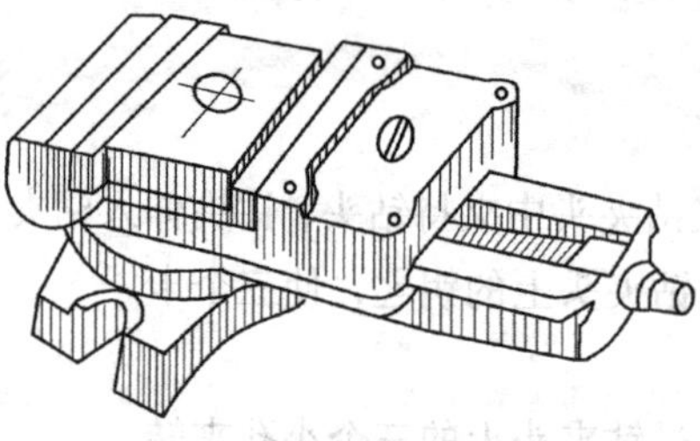	平整的工件可用平口钳装夹，装夹时，应使工件表面与钻头垂直，而当钻孔直径大于 8mm 时，将平口钳用螺栓压板固定。用平口钳夹持工件钻孔时，工件底部应垫上垫铁，空出落钻部位，以免钻伤台平口钳
2	用V形块装夹工件	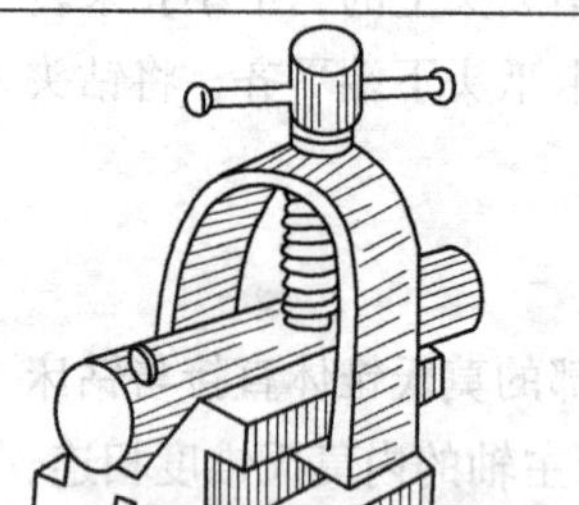	圆柱形工件可用 V 形块装夹，但必须使钻头轴心线与 V 形铁的两斜面的对称平面重合，并要牢牢夹紧
3	用压板装夹工件	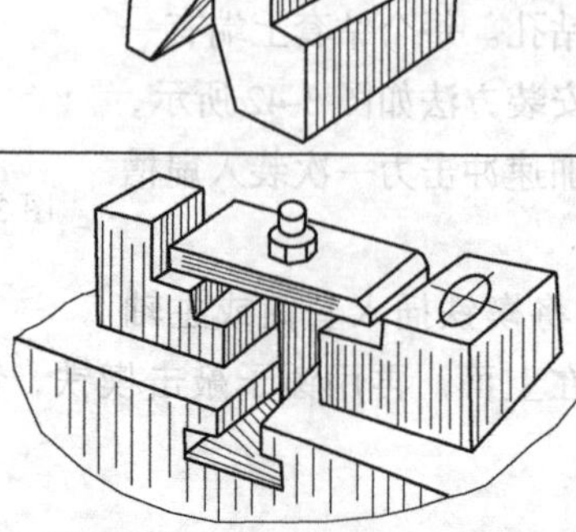	大的工件可用压板螺钉装夹，拧紧时，应先将每个螺钉预紧一遍，然后再拧紧。以免工件产生位移或变形

续表

序号	方法	图示	说明
4	用角铁装夹工件	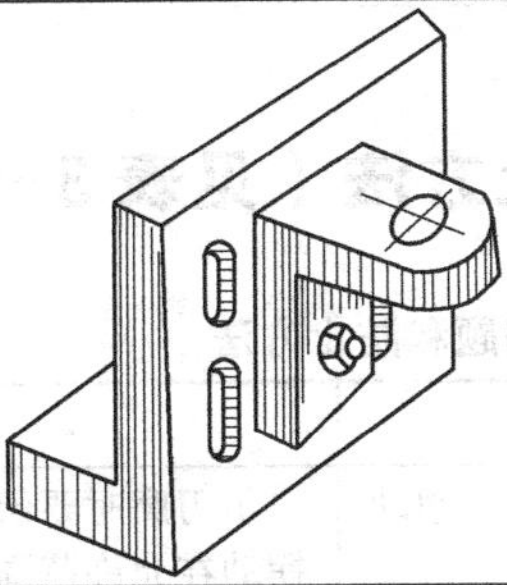	当底面不平或加工基准在侧面的工件，可用角铁装夹，并且角铁必须用压板固定在钻床工作台上
5	用卡盘装夹工件	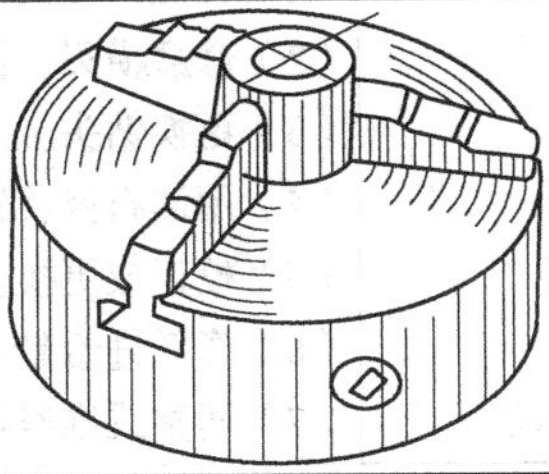	圆柱形工件端面钻孔，可用三爪卡盘装夹

三、任务实施

（一）做好准备工作

（1）按样图划钻孔位置线，并打好样冲眼。

（2）在平口钳上夹好工件。

（3）选好钻头，并安装好。

（4）选择切削用量。

切削用量是切削加工过程中切削速度、进给量和背吃刀量的总称。可查《机械加工手册》或《机械加工工艺手册》确定。

（5）选择并打开冷却液。

① 钻削钢件时常用的冷却液是机油或乳化液。

② 钻削铝件时常用的冷却液是乳化液或煤油。

③ 钻削铸铁时常用的冷却液是则用煤油。

（二）钻孔

① 起钻时，先使钻头对准样冲中心钻出一个浅坑，观察钻孔位置是否正确，通过不断找正使浅坑与钻孔中心同轴。

② 钻 4 个通孔，并达到如图 3-37 所示的要求。

（三）清理现场

钻削结束后，应去毛刺，并将工量具收好，做好现场清洁工作。

四、拓展知识

（一）麻花钻钻孔时常见问题和防止方法（见表 3-14）

表 3-14　　麻花钻钻孔时常见问题和防止方法

序号	常见问题	产生原因	防止方法
1	孔径增大、误差大	（1）钻头左右切削刃不对称、摆动大。 （2）钻头横刃太长。 （3）钻头刃口崩刃。 （4）钻头刃带上有积屑瘤。 （5）钻头弯曲。 （6）进给量太大。 （7）钻床主轴摆动太大或松动	（1）刃磨时要保证钻头左右切削刃对称、摆动在允许范围。 （2）修磨横刃，使其符合要求。 （3）更换钻头。 （4）用油石修整钻头刃。 （5）校正或更换。 （6）降低进给量。 （7）调整或维修钻床
2	孔径小	钻头刃带严重磨损	更换钻头
3	钻孔位置偏移或歪斜	（1）工件安装不正确，工件表面与钻头不垂直。 （2）钻头横刃太长，引起定心不良，起钻过偏而没有校正。 （3）钻床主轴与工作台不垂直。 （4）进刀过于急躁，未试钻，未找正。 （5）工件紧固不牢，引起工件松动，或工件有砂眼。 （6）工件划线不正确。 （7）工件安装时，安装接触面上的切屑未清除干净	（1）要正确安装工件和钻头。 （2）修磨横刃，使其符合要求。 （3）调整钻床主轴。 （4）进刀时一定要试钻并找正。 （5）工件要紧固。 （6）工件划线后一定要校对。 （7）工件安装时，安装接触面上的切屑要清除干净
4	孔壁粗糙	（1）钻头已磨钝。 （2）后角太大。 （3）进给量太大。 （4）切削液选择不当或供应不足。 （5）钻头过短、排屑槽堵塞	（1）将钻头磨锋利。 （2）后角选用要合适。 （3）降低进给量。 （4）切削液选择要适当，并且供应要足。 （5）更换钻头
5	钻头工作部分折断	（1）用磨钝的钻头钻孔。 （2）进刀量太大。 （3）切屑堵塞。 （4）钻孔快穿通时，未减小进给量。 （5）工件松动。 （6）钻薄板或铜料时未修磨钻头，钻头后角太大，前角又没有修磨造成扎刀。 （7）钻孔已偏斜而强行校正。 （8）钻削铸铁时，遇到缩孔。 （9）切削液选择不当或供应不足	（1）将钻头磨锋利。 （2）减少进给量和切削速度。 （3）排屑要通畅。 （4）钻孔快穿通时，要减小进给量。 （5）工件要夹紧。 （6）要选合适的钻头。 （7）起钻时一定校正。 （8）对估计有缩孔的铸件要减少进给量。 （9）切削液选择要适当，并且供应要足

（二）钻孔中应注意的事项

① 样冲要打正。

② 在钻孔时，不允许戴手套操作。

③ 钻孔时，身体不要距离主轴太近。钻通孔时，当孔将被钻透时，进刀量要减小。钻不通孔时，可按钻孔深度调正挡块，并通过测量实际尺寸来控制孔的深度。钻深孔时，一般钻进深度达到直径的 3 倍时，钻头要退出排屑，以后每钻一定深度，都要将钻头退出排屑一次，以免扭断钻头。钻削大于ϕ30mm 的孔应分两次钻，第一次先钻一个直径为加工孔径 0.5～0.7 倍的孔；第二次用钻头将孔扩大到所要求的直径。

④ 夹紧面要平整清洁，工件要装夹牢固。

⑤ 装卸钻头时要用专用钥匙，不可用扁铁敲击。

⑥ 钻头用钝后要及时修磨。

任务五　工件扩孔

一、任务导入

在如图 3-37 所示的钻孔后得到的钢板上对ϕ35mm 的孔进行钻扩孔，达到如图 3-44 所示的要求。

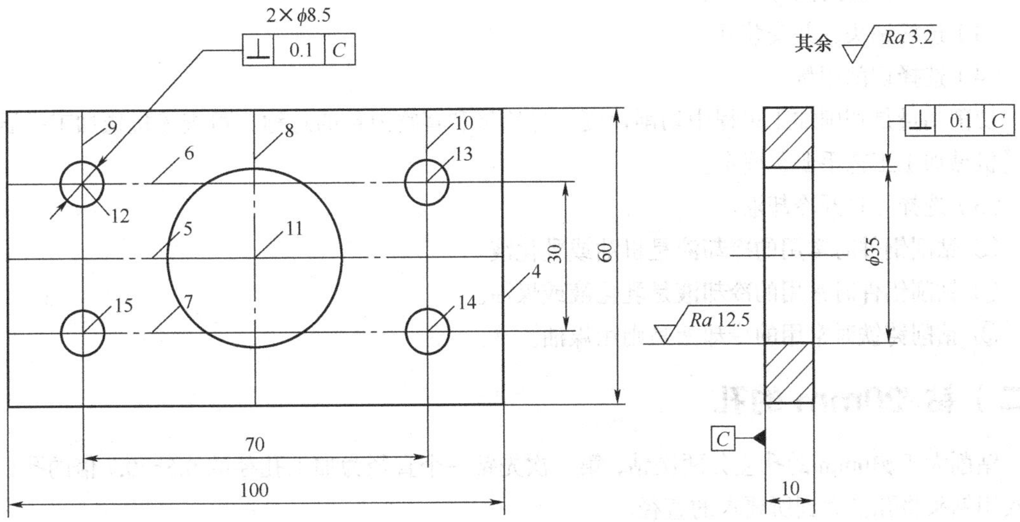

图 3-44　扩孔练习图样

二、相关知识

扩孔是用扩孔钻或麻花钻对已加工出的孔（铸出、锻出或钻出的孔）进行扩大加工的一种方法，钻削大于ϕ30mm 的孔应分两次钻，第一次先钻一个直径为加工孔径的 0.5～0.7 倍的孔；第二次用钻头将孔扩大到所要求的直径。

一般用修磨的麻花钻当扩孔钻用，如图 3-45 所示。在扩孔精度要求较高时，采用专用扩孔钻扩孔，如图 3-46 所示。扩孔钻和麻花钻相似，所不同的是它有 3～4 条切削刃，但无横刃，其顶端是平的，螺旋槽较浅，故钻芯粗实、刚性好、不易变形、导向性好。由于专用扩孔钻切削平稳，可提高扩孔后孔的加工质量。

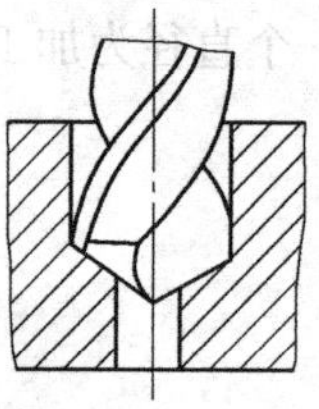

图 3-45 修磨的麻花钻当扩孔钻扩孔

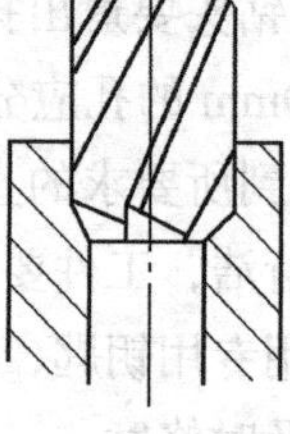

图 3-46 专用扩孔钻扩孔

三、任务实施

（一）做好准备工作

（1）按样图划钻孔位置线，并打好样冲眼。

（2）在平口钳上夹好工件。

（3）选好钻头，并安装好。

（4）选择切削用量。

切削用量是切削加工过程中切削速度、进给量和背吃刀量的总称。可查《机械加工手册》或《机械加工工艺手册》确定。

（5）选择并打开冷却液。

① 钻削钢件时常用的冷却液是机油或乳化液。

② 钻削铝件时常用的冷却液是乳化液或煤油。

③ 钻削铸铁时常用的冷却液是则用煤油。

（二）钻ϕ20mm 的孔

钻削大于ϕ30mm 的孔应分两次钻，第一次先钻一个直径为加工孔径的 0.5～0.7 倍的孔；第二次用钻头将孔扩大到所要求的直径。

（三）扩孔，并达到如图 3-44 所示的要求

（四）清理现场

钻削结束后，应去毛刺，并将工量具收好，做好现场清洁工作。

四、拓展知识

扩孔钻扩孔时常见问题和防止方法如表 3-15 所示。

表 3-15　　扩孔钻扩孔时常见问题和防止方法

序号	常见问题	产生原因	防止方法
1	孔的位置精度超差	（1）导向套配合间隙太大。 （2）主轴与导向套同轴度误差大。 （3）主轴轴承松动	（1）调整导向套配合间隙。 （2）校正机床与导向套位置，使其同轴度在规定范围。 （3）调整主轴轴承间隙
2	孔表面粗糙	（1）切削用量过大。 （2）切削液选择不当或供应不足。 （3）扩孔钻过度磨损	（1）适当降低切削用量。 （2）切削液选择要适当，并且供应要足。 （3）更换钻头
3	孔径增大	（1）扩孔钻切削刃摆差大。 （2）扩孔钻刃崩刃。 （3）扩孔钻刃带上有切屑瘤。 （4）安装扩孔钻时，锥柄表面未清理干净	（1）刃磨时要保证扩孔钻切削刃摆差在规定的范围。 （2）更换扩孔钻。 （3）用油石修磨。 （4）安装扩孔钻时，锥柄表面要清理干净

任务六　工件锪孔

一、任务导入

在如图 3-44 所示的扩孔后得到的钢板上对 4 个 ϕ8.5mm 的孔进行锪孔，达到如图 3-47 所示的要求。

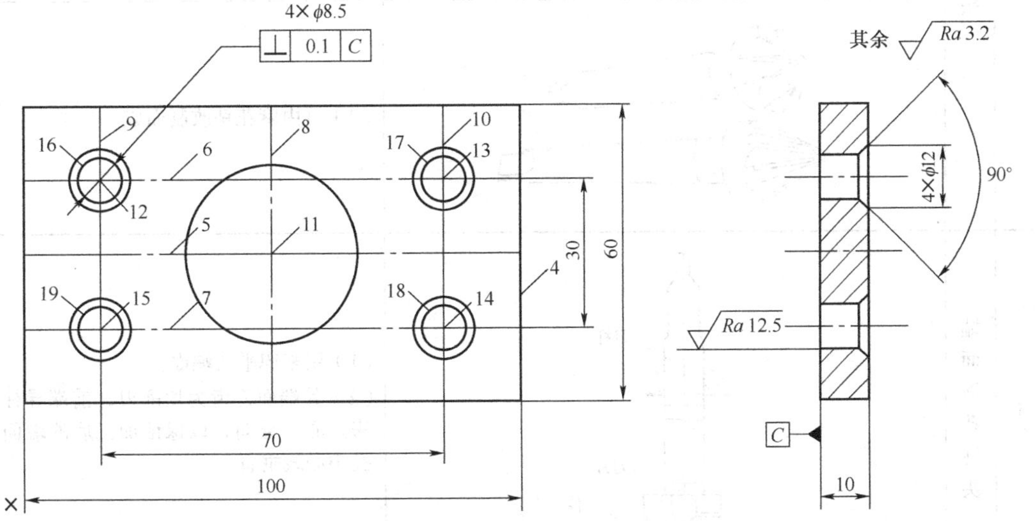

图 3-47　工件锪孔练习图

二、相关知识

（一）锪孔的工具（见表 3-16）

表 3-16　　　　锪孔的工具

序号	名称	图示	说明
1	柱形锪孔钻头	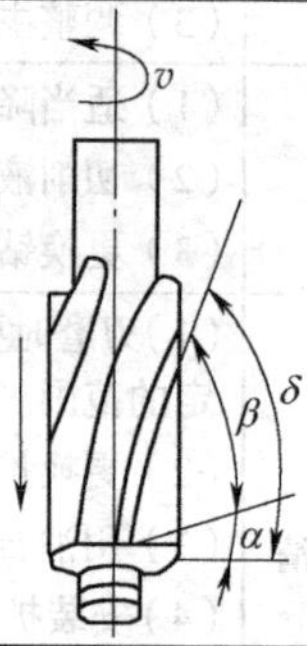	（1）用来锪柱形埋头孔。 （2）由端面切削刃（主切削刃）、外圆切削刃（副切削刃）和导柱等组成。 （3）也可由麻花钻改制面成
2	锥形锪孔钻头	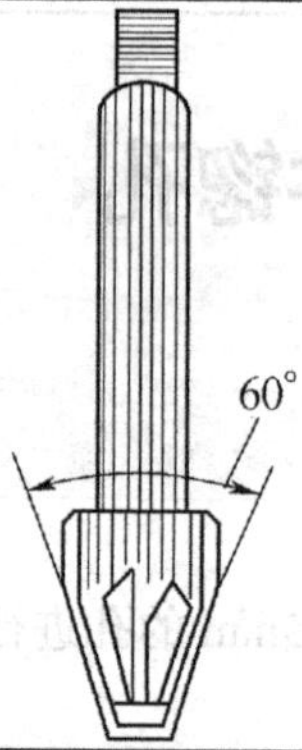	（1）用来锪圆锥孔。 （2）其锥角多为 90°，有 4～12 个齿
		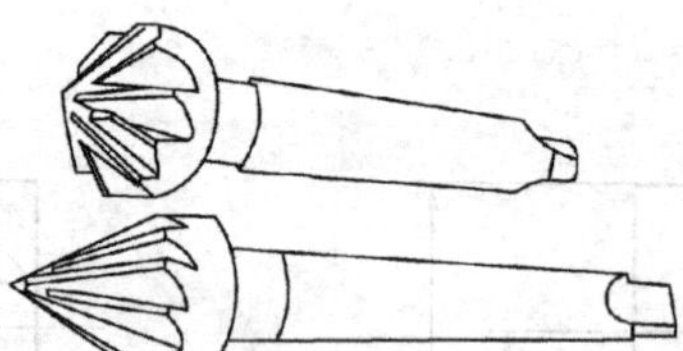	（3）可由麻花钻改制而成
3	端面锪孔钻头	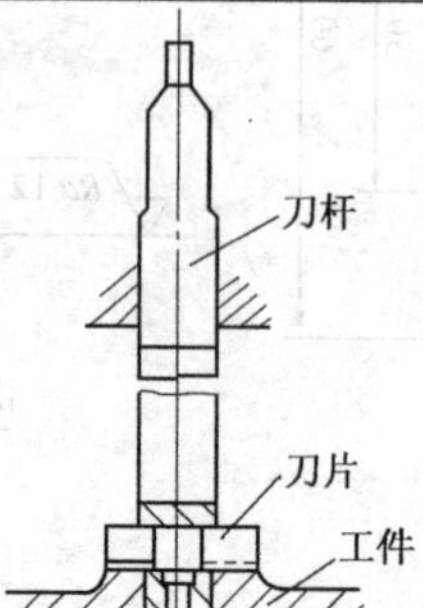	（1）用来锪平孔端面。 （2）其端面刀齿为切削刃，前端导柱用来定心、导向，以保证加工后的端面与孔中心线垂直

（二）锪孔方法（见表 3-17）

表 3-17　　锪孔方法

序号	方法	图示	说明
1	圆锥孔的锪削	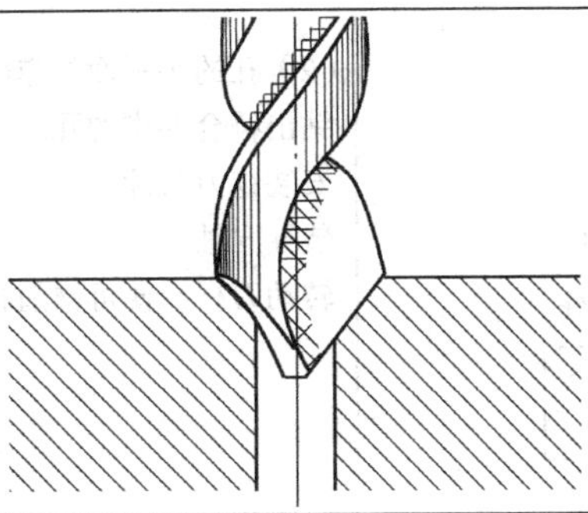	（1）用麻花钻改制钻头锪锥孔： 钻出符合要求的孔。 用麻花钻改制钻头锪锥孔
		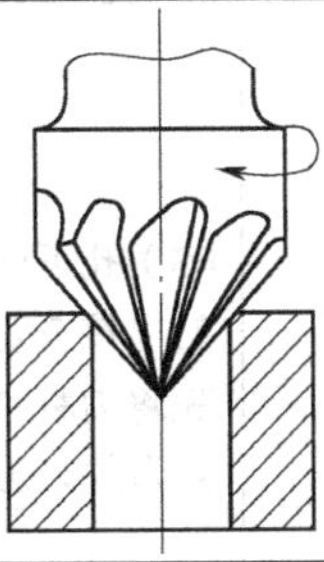	（2）用锥形锪孔钻头锪锥孔： 钻出符合要求的孔。 用专用锥形锪孔钻头锪锥孔
2	柱形埋头孔的锪削	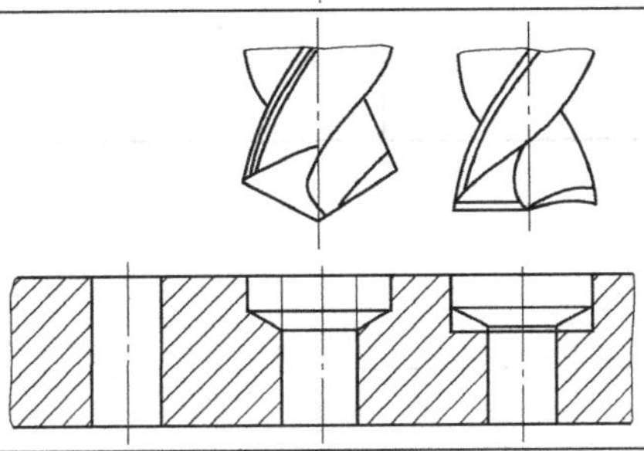	（1）用麻花钻改制钻头锪柱形埋头孔： 钻出台阶孔作导向。 用麻花钻改制成不带导柱的柱形锪孔钻头，锪出如图所示埋头孔
		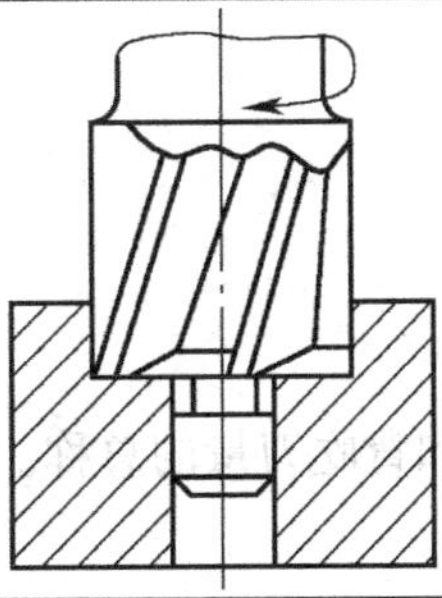	（2）用柱形锪孔钻头锪柱形埋头孔： 钻出台阶孔作导向。 用柱形锪孔钻头，锪出如图所示埋头孔
3	孔端面的锪削	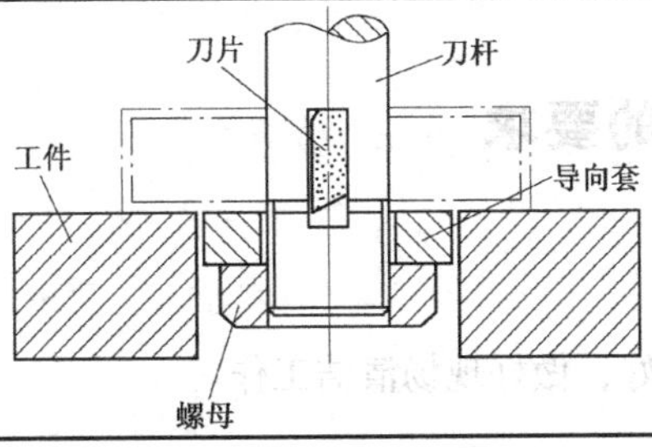	（1）孔的大平面的锪削： 钻出符合要求的孔。 安装锪刀刀片。 装导向套。 转动刀杆，便可锪削孔的大平面

续表

序号	方法	图示	说明
3	孔端面的锪削	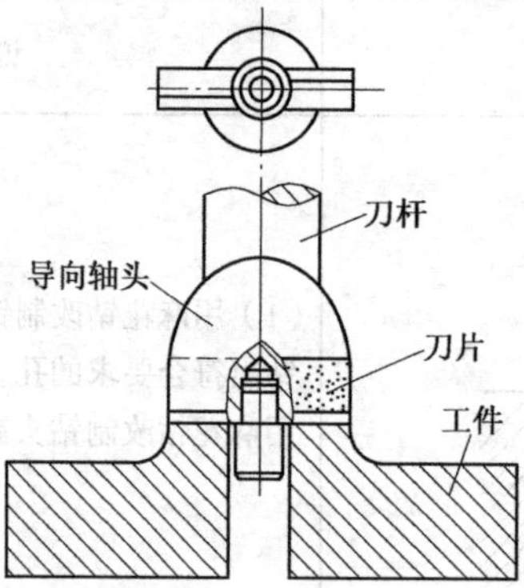	（2）孔的小平面的锪削： 钻出符合要求的孔。 安装锪刀刀片。 装导向轴。 转动刀杆，便可锪削孔的小平面
		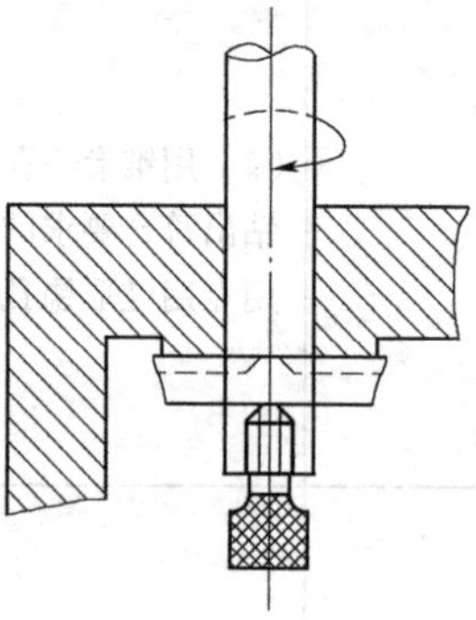	（3）孔下端面的锪削： 钻出符合要求的孔。 先将刀杆插入工件孔内，然后用螺钉拧紧刀片，进行锪削

三、任务实施

（一）做好准备工作

（1）在平口钳上夹好工件。

（2）选好钻头，并安装好。

（3）选择切削用量。

切削用量是切削加工过程中切削速度、进给量和背吃刀量的总称。可查《机械加工手册》或《机械加工工艺手册》确定。

（4）选择并打开冷却液。

（二）锪孔，并达到如图 3-47 的要求

（三）清理现场

钻削结束后，应去毛刺，并将工量具收好，做好现场清洁工作。

四、拓展知识

（一）锪孔时常见问题和防止方法（见表 3-18）

表 3-18　锪孔时常见问题和防止方法

序号	常见问题	产生原因	防止方法
1	表面粗糙度差	（1）锪孔钻头磨损。 （2）切削液选用不当	（1）刃磨锪钻。 （2）更换成合适的切削液
2	平面呈凹凸形	锪钻切削刃与刀杆旋转轴线不垂直	正确刃磨和安装锪钻
3	锥面、平面呈多角形	（1）切削液选用不当。 （2）切削速度太高。 （3）工件或锪钻装夹不牢固。 （4）锪钻前角太大，有扎刀现象	（1）更换成合适的切削液。 （2）选用合适的切削速度。 （3）装牢锪钻。 （4）正确刃磨锪钻

（二）锪孔中应注意的事项

① 锪孔时不允许戴手套。

② 锪孔切削速度应比钻孔时低，一般为 1/3～1/2 的钻孔速度。

③ 当锪孔表面出现多角形振纹时，应停止加工钻头切削刃进行刃磨。

④ 锪孔时刀具容易振动，特别是使用麻花钻改制的锪钻，使锪端面或锥面产生振痕，影响锪削质量，所以要使其后角和外缘处前角适当减小、两切削刃对称，保持平稳。

⑤ 锪钻的刀杆和刀片装夹要牢固，工件要夹稳。

⑥ 锪钢件时，要在导柱和切削表面加机油或牛油润滑。

任务七　工件铰孔

一、任务导入

在如图 3-47 所示的锪孔后得到的钢板上对 4 个 ϕ8.5mm 的孔进行铰孔，达到如图 3-48 所示的要求。

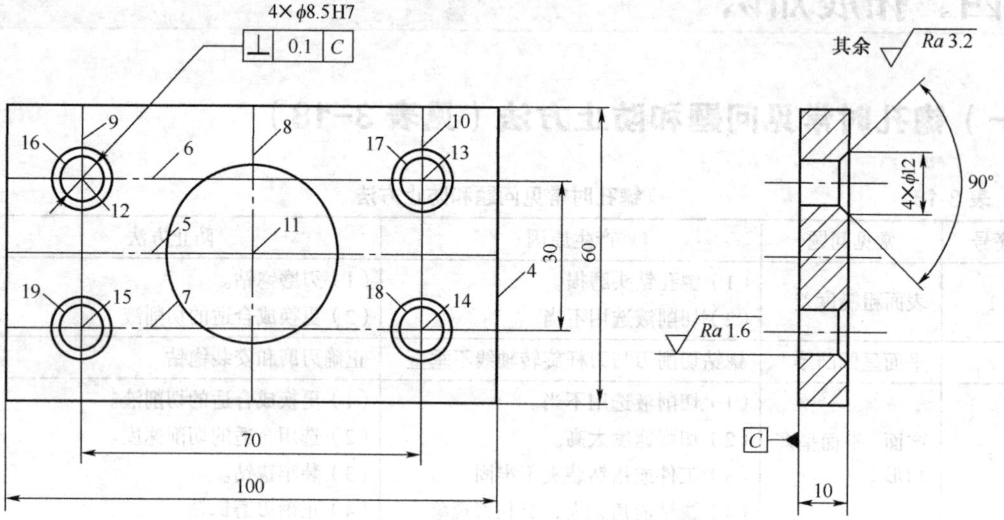

图 3-48　铰孔练习图样

二、相关知识

铰刀的种类及结构如表 3-19 所示。

表 3-19　　　　　　　　　　　铰刀的种类及结构

序号	名称	图示	说明
1	整体圆柱铰刀		（1）用来铰制标准系列的孔。 （2）它由工作部分、颈部和柄部组成。工作部分包括引导部分、切削部分和校准部分。 （3）引导部分（l_1）的作用是便于铰刀开始铰削时放入孔中，并保护切削刃。 （4）切削部分（l_2）的作用是承受主切削力。 （5）校准部分（l_3）的作用是引导铰孔方向和校准孔的尺寸。 （6）颈部的作用是在磨制铰刀时退刀用。 （7）柄部的作用是装夹工件和传递转矩。直柄和锥柄用于机用铰刀，而直柄带方榫用于手用铰刀

续表

序号	名称	图示	说明
2	可调手铰刀	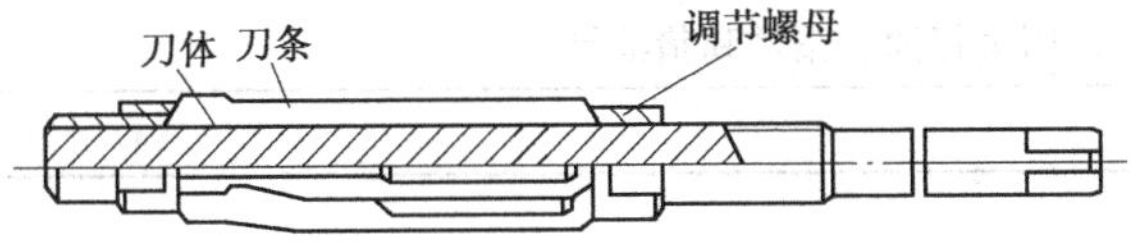	（1）在单件生产和修配工作中用来铰削非标孔。 （2）刀体一般以用 45#钢制作，直径小于或等于 12.75mm 的刀齿条，用合金钢制成；而直径大于 12.75mm 的刀齿条，用高速钢制成。 （3）刀体上开有六条斜底槽，具有相同斜度的刀齿条嵌在槽内，并用两端螺母压紧，固定刀齿条。 （4）调节两螺母可使铰刀齿条在槽中沿着斜槽移动，从而改变铰刀直径。 （5）标准可调手铰刀的直径范围为 6～54mm
3	螺旋槽手铰刀	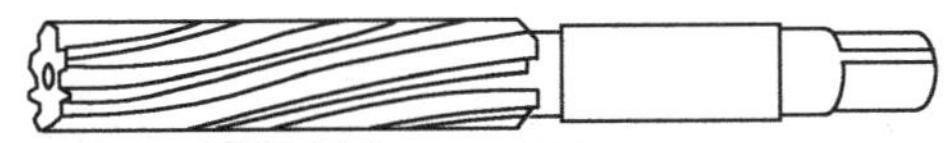	（1）用来铰削带有键槽的圆柱孔。 （2）螺旋槽方向一般为左旋，这样可避免铰削时因铰刀顺时针转动面产生的自动旋进的现象。左旋的切削刃还能将铰下的切屑推出孔外

三、任务实施

（一）做好准备工作

（1）在平口钳上夹好工件。

（2）选好铰刀，并安装好。

① 铰刀的直径的基本尺寸=被加工孔的基本尺寸。

② 上偏差=2/3 被加工孔的公差。

③ 下偏差=1/3 被加工孔的公差。

（3）选择切削用量。

切削用量是切削加工过程中切削速度、进给量和背吃刀量的总称。可查有关手册确定。铰削余量如表 3-20 所示。

表 3-20　　铰削余量的选择表（mm）

铰孔直径	<5	5～20	21～32	33～50
铰孔余量	0.1～0.2	0.2～0.3	0.3	0.5

（4）选择并打开切削液（见表 3-21）。

表 3-21　　切削液的选用对照表

加工材料	切削液
铜	乳化液
铝	煤油
钢	（1）10%～20%乳化液。 （2）铰孔要求高时，用 30%的菜油和 70%肥皂水。 （3）铰孔要求更高时，用菜籽油、柴油和猪油等
铸铁	一般不用

（二）铰孔

（1）手工起铰时，如图 3-49 所示，可用右手沿铰刀轴线方向加压，左手转动 2～3 圈。

（2）正常铰孔时，如图 3-50 所示，两手用力要均匀，铰杠要放平，旋转速度要均匀、平稳，不得摇动铰刀。

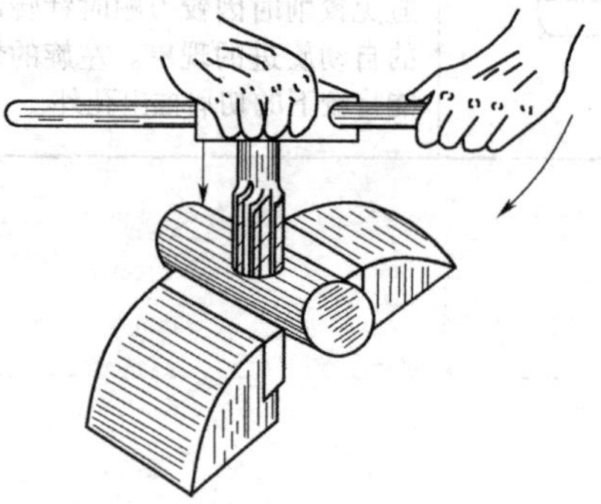

图 3-49　手工起铰

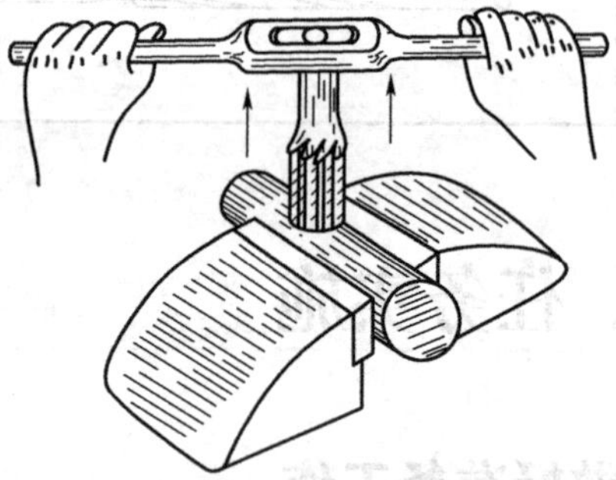

图 3-50　正常铰孔

（3）退刀时，不许反转铰刀，应按切削方向旋转向上提刀，以免刃口磨钝和切屑嵌入刀具后面与孔壁间而将孔壁划伤。

（4）铰孔时必须常取出铰刀，用毛刷清屑，如图 3-51 所示，如图以防止切屑粘附在切削刃上，划伤孔壁。

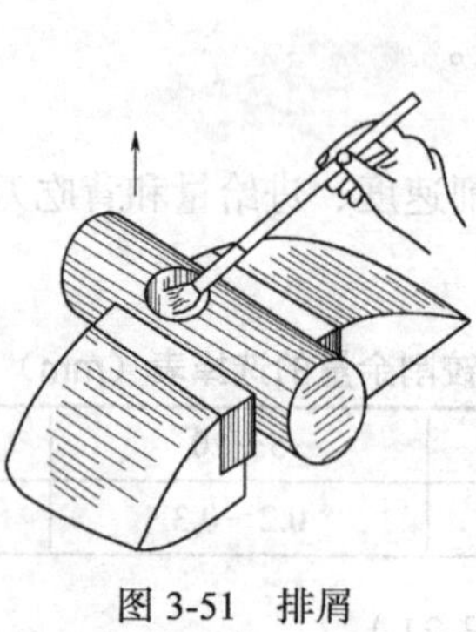

图 3-51　排屑

（三）清理现场

钻削结束后，应去毛刺，并将工量具收好，做好现场清洁工作。

四、拓展知识

（一）铰孔时常见问题和防止方法（见表 3-22）

表 3-22　　铰孔时常见问题和防止方法

序号	常见问题	产生原因	防止方法
1	孔径过大	（1）选错了铰刀。 （2）手工铰孔时两手用力不均匀，使铰刀晃动。 （3）铰锥孔时，未常用锥销试配、检查。 （4）机铰时铰刀与孔轴线不重合，铰刀偏摆过大。 （5）切削速度过高	（1）更换铰刀。 （2）手工铰孔时，两手用力要平衡，旋转的速度要均匀，铰杠不得有摆动。 （3）铰削时要经常用相配的锥销来检验铰孔尺寸。 （4）机铰时铰刀与孔轴线要调整重合。 （5）应合理选用切削速度
2	孔径过小	（1）铰刀磨钝。 （2）铰削铸铁时加煤油，造成孔的收缩	（1）刃磨铰刀。 （2）铰削铸铁时不允许煤油
3	内孔不圆	（1）铰刀过长，刚性不足，铰削产生振动。 （2）铰刀主偏角过小。 （3）铰孔余量偏、不对称。 （4）铰刀刃带窄	（1）安装铰刀时应采用刚性联接。 （2）增大主偏角。 （3）铰孔余量要正、对称。 （4）更换合适的铰刀
4	内孔表面粗糙	（1）铰削余量不均匀或太小，局部表面未铰到。 （2）铰刀切削部分摆差超差，刃口不锋利，表面粗糙。 （3）切削速度太高。 （4）切削液选的不合适。 （5）铰孔排屑不良	（1）提高铰孔前底孔位置精度和质量，或增加铰孔余量。 （2）更换合格的铰刀。 （3）选用合适的切削速度。 （4）要先用合适的切削液。 （5）改善排屑方法

（二）铰孔中应注意的事项

① 工件要夹正，夹紧力要适当，以防止工件变形。

② 手工铰孔时，两手用力要平衡，旋转的速度要均匀，铰杠不得有摆动。

③ 铰削进给时，不要用过大的力压铰杠，而应随着铰刀旋转轻轻地加压，使铰刀缓慢地引伸进入孔内，并均匀进给，以保证孔的加工质量。

④ 要注意变换铰刀每次停歇的位置，以消除铰刀在同一处停歇所造成的振痕。

⑤ 铰刀在铰削时或退刀时都不允许反转，否则会拉毛孔壁，甚至使铰刀崩刃。

⑥ 铰削定位孔时，两配合零件应位置正确，铰削时要经常用相配的锥销来检验铰孔尺寸，以防止将孔铰深。

⑦ 机铰时，要注意机床主轴、铰刀和工件孔三者同轴度是否符合要求。

⑧ 机铰时，开始采用手动进给，当铰刀切削部分进入孔内后，再改用自动进给。

⑨ 机铰盲孔时，应经常退刀，清除刀齿和孔内的切屑，以防止切屑刮伤孔壁。

⑩ 机铰通孔时，铰刀校准部分不能全部铰出，以免将孔的出口处刮坏。

⑪ 在铰削过程中，必须注足切削液。

⑫ 机铰结束后，铰刀应退出孔外后再停机，否则会拉伤孔壁。

任务八　工件攻丝

一、任务导入

在如图 3-48 所示的绞孔后得到的钢板上对 4 个 ϕ8.5mm 的孔进行攻丝，达到如图 3-52 所示的要求。

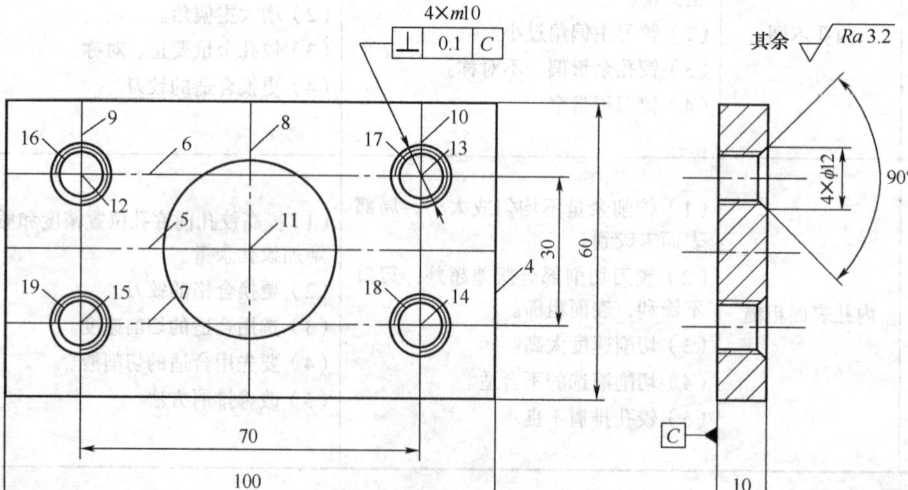

图 3-52　攻丝练习图

二、相关知识

（一）螺纹的形成和类型（见表 3-23）

表 3-23　　　　攻丝工具及其使用

序号	名称	图示	说明
1	螺纹的形成	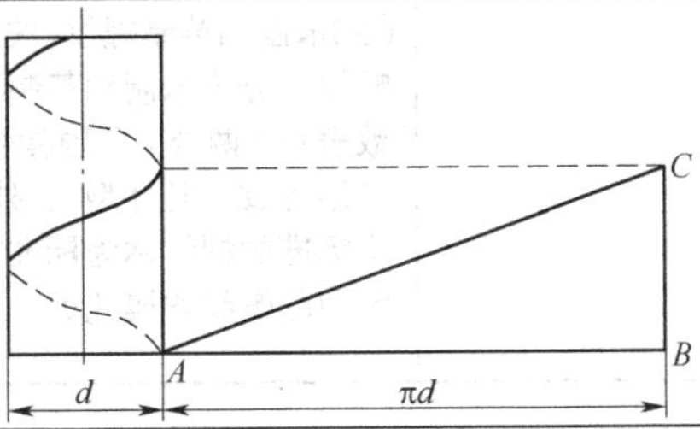	将一直角三角形（底边 AB 长为 πd ）绕在直径为 d 的圆柱体上，同时底边 AB 与圆柱体端面圆周线重合，则此三角形的斜边在圆柱体的表面上形成一条螺旋线
2	螺纹的类型	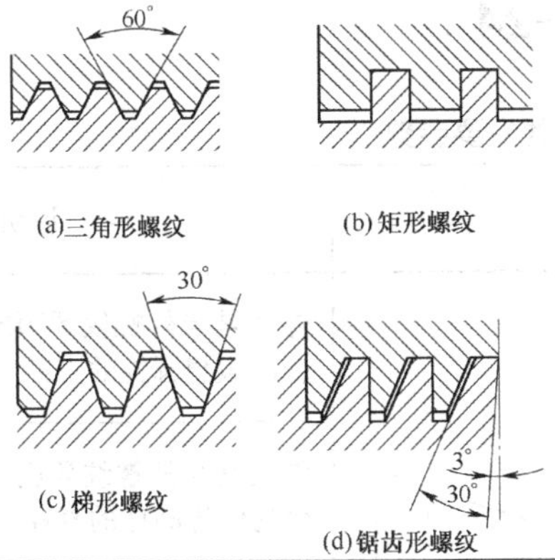	（1）三角形、矩形、梯形和锯齿形的螺纹：用不同形状的车刀沿螺旋线可切制出三角形、矩形、梯形和锯齿形的螺纹
		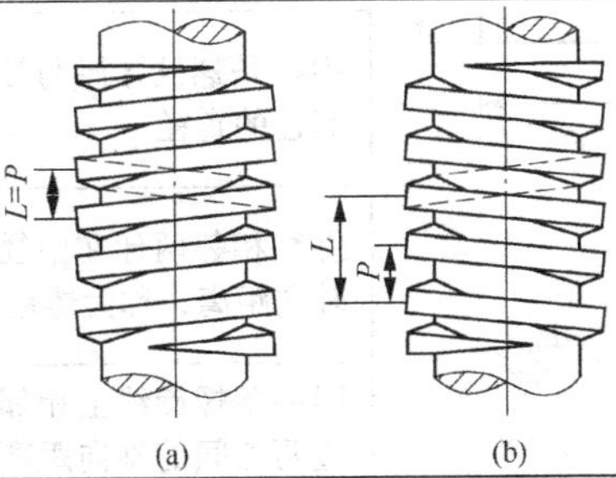	（2）单线螺纹和多线螺纹：在圆柱体上沿一条螺旋线切制的螺纹，称为单线螺纹［见图（a）］；也可沿二条、三条螺旋线切制的螺纹，称为双线螺纹［见图（b）］和三线螺纹。单线螺纹主要用于联接，多线螺纹主要用于传动
		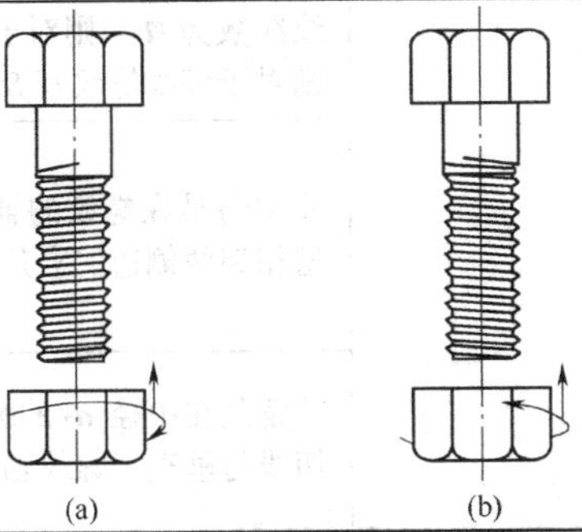	（3）右旋螺纹和左旋螺纹：按螺旋线绕行方向的不同，又有右旋螺纹［见图（a）］和左旋螺纹［见图（b）］之分。通常采用右旋螺纹

续表

序号	名称	图示	说明
2	螺纹的类型		(4)联接螺纹和传动螺纹：按螺纹的作用不同，螺纹可分为联接螺纹和传动螺纹。起联接作用的螺纹称为联接螺纹；起传动作用的螺纹称为传动螺纹
			(5)米制和英制螺纹：按螺纹的制式不同，螺纹可分为米制和英制(螺距以每英寸牙数表示)两类。我国除管螺纹外，多采用米制螺纹。凡牙型 、外径及螺距符合国家标准的螺纹称为标准螺纹。机械制造中常用的螺纹均属此类

(二)螺纹的主要参数(见表 3-24)

表 3-24　　螺纹的主要参数

序号	名称	图示	说明
1	外径 d	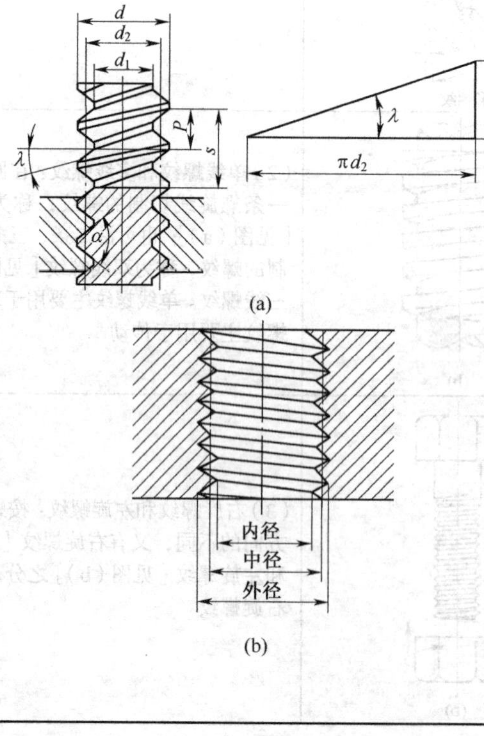	外径是与外螺纹牙顶或内螺纹牙底相重合的假想圆柱的直径
2	内径 d_1		内径是与外螺纹牙底或内螺纹牙顶相重合的假想圆柱的直径
3	中径 d_2		中径是螺纹牙厚与牙间宽相等处的假想圆柱的直径
4	螺距 P		螺纹相邻两牙在中径线上对应两点间的轴向距离，称为螺距
5	导程 S		同一条螺旋线上相邻两牙在中径线上对应两点间的轴向距离，称为导程。设螺纹线数为 n，则对于单线螺纹有 $S=P$；则对于多线螺纹有 $S=nP$
6	牙型角 α		牙型角是在螺纹的轴向剖面内，螺纹牙型相邻两侧边的夹角
7	升角 λ		升角是在中径 d_2 的圆柱面上，螺纹线的切线与垂直于螺纹轴线的平面间的夹角

（三）常用的攻丝工具（见表 3-25）

表 3-25　　　　常用的攻丝工具

序号	名称	图示	说明
1	丝锥	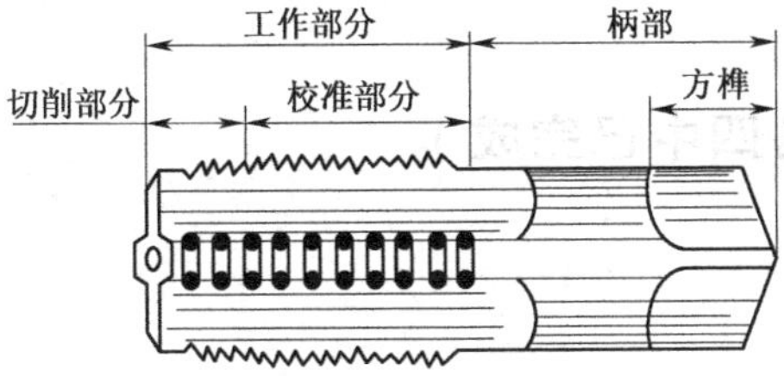	（1）用来加工较小直径内螺纹的成形刀具。 （2）按牙的粗细不同，可分为粗牙丝锥和细牙丝锥。 （3）按攻丝的驱动力不同，可分为手用丝锥和机用丝锥。通常 M6～M24 的手用丝锥一套为两支，称头锥、二锥；M6 以下及 M24 以上一套有三支、即头锥、二锥和三锥
2	铰杠	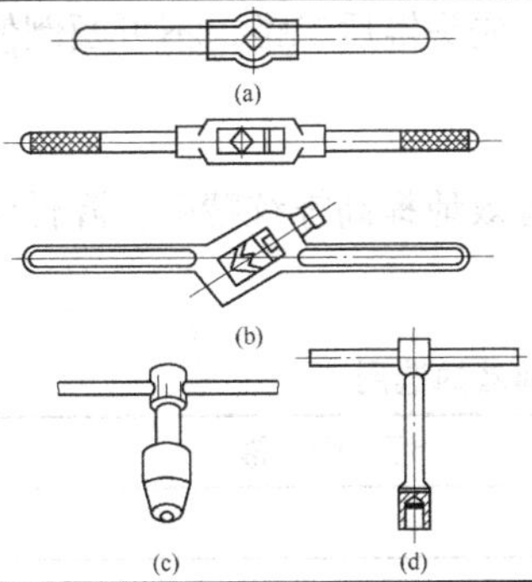	（1）铰杠用来夹持和转动丝锥。 （2）常用的有可调式铰扛，见图（c）和图（d）所示。旋转手柄即可调节方孔的大小，以便夹持不同尺寸的丝锥。 （3）铰扛长度应根据丝锥尺寸大小进行选择，以便控制攻丝时的扭矩，防止丝锥因施力不当而扭断

三、任务实施

（一）做好准备工作

1. 确定底孔直径

底孔的直径可查手册或按下面的经验公式计算。

（1）对于在脆性材料（如铸铁、黄铜、青铜等）上攻普通螺纹时：

$$钻头直径\ D_0=D-1.1P$$

式中，D 为螺纹外径；P 为螺距。

（2）对于在塑性材料（如钢、可锻铸铁、纯铜等）上攻普通螺纹时：

$$钻孔直径\ D_0=D-P$$

2. 确定钻孔深度

攻不通孔（盲孔）的螺纹时，因丝锥不能攻到底，所以孔的深度要大于螺纹的长度，盲孔的深度可按下面的公式计算：

$$盲孔的深度=所需螺纹的深度+0.7D$$

式中，D 为螺纹外径。

3. 按样图划钻孔位置线，并打好样冲眼

4. 在虎钳上夹好工件

5. 选好钻头，并安装好

6. 选择切削用量

切削用量是切削加工过程中切削速度、进给量和背吃刀量的总称。可查《机械加工手册》或《机械加工工艺手册》确定。

7. 钻孔（本工件钻孔在任务四中已完成）。

（二）对孔进行攻丝

1. 选择好丝锥

根据工件上螺纹孔的规格，正确选择丝锥，先头锥后二锥，不可颠倒使用。

2. 选择并添加切削液

攻丝时合理选择适当品种的切削液，可以有效地提高螺纹精度，降低螺纹的表面粗糙度。具体选择切削液的方法参见表 3-26。

表 3-26　　攻丝时切削液的选用

零件材料	切　削　液
结构钢、合金钢	乳化液
铸铁	煤油、75%煤油+25%植物油
铜	机械油、硫化油、75%煤油+25%矿物油
铝	50%煤油+50%机械油、85%煤油+15%亚麻油、煤油、松节油

3. 用头锥起攻

起攻时，可用一手掌按住铰杠中部，沿丝锥轴线用力加压，另一手配合作顺向旋转，如图 3-53 所示。

4. 检查丝锥垂直度

当旋入 1～2 圈后，要检查丝锥是否与孔端面垂直，如果发现不垂直，应立即校正至垂直，如图 3-54 所示。

5. 用头锥正常攻螺纹

当切削部分已切入工件后，每转 1/2～1 圈应反转 1/4 圈～1/2 圈，以便切屑碎断和排出；同时不能再施加压力，以免丝锥崩牙或攻出的螺纹齿较瘦，如图 3-55 所示。

6. 用二、三锥攻丝

攻丝时，必须按头锥、二锥和三锥的顺序攻至标准尺寸。在较硬的材料上攻丝时，可轮换各丝锥交替攻丝，以减小切削部分的负荷，防止丝锥折断。

图 3-53　用头锥起攻

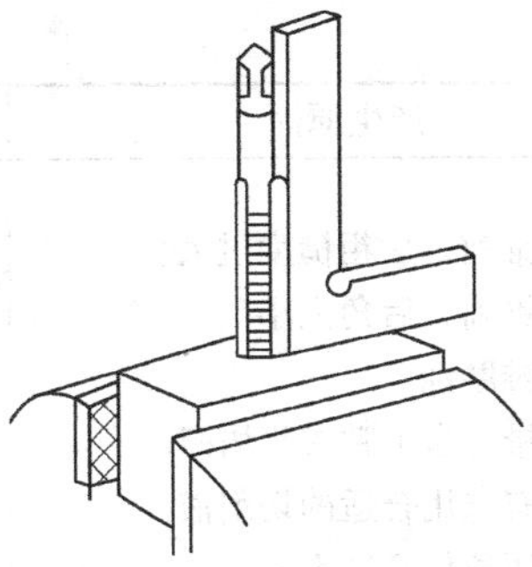

图 3-54　检查丝锥垂直度

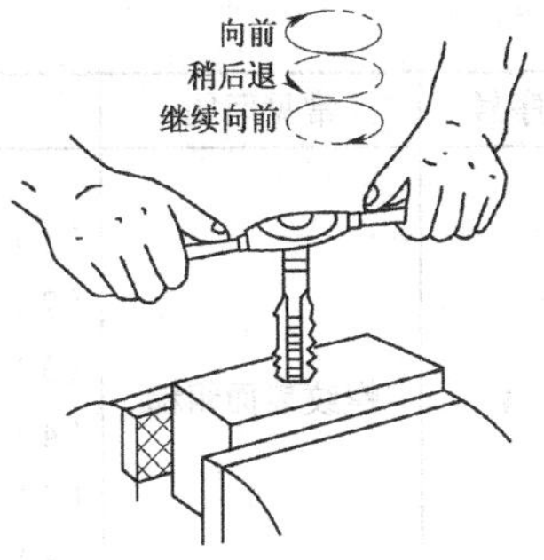

图 3-55　用头锥正常攻螺纹

（三）清理现场

攻丝结束后，应去毛刺，并将工量具收好，做好现场清洁工作。

四、拓展知识

（一）攻丝时常见问题及防止方法（见表 3-27）

表 3-27　攻丝时常见问题及防止方法

序号	常见问题	产生原因	防止方法
1	螺纹牙深不够	（1）攻丝前底孔直径过大。 （2）丝锥磨损	（1）应正确计算底孔直径并正确钻孔。 （2）修磨丝锥
2	螺纹烂牙	（1）螺纹底孔直径太小，丝锥攻不进，孔口烂牙。 （2）手攻时，绞杠掌握不正，丝锥左右摇摆，造成烂牙。 （3）交替使用头锥、二锥时，未先用手将丝锥旋入，造成头锥、二锥不重合 （4）丝锥未经常倒转，切屑堵塞把螺纹啃伤。 （5）攻不通孔螺纹时，丝锥到底后仍继续扳旋丝锥。 （6）用铰杠带着退出丝锥。 （7）丝锥刀齿上粘有积屑瘤。 （8）没有选用合适的切削液。 （9）丝锥切削部分全部切入后仍施加轴向压力	（1）检查底孔直径，把底孔扩大后再攻丝。 （2）绞杠掌握要正，丝锥不能左右摇摆。 （3）交替使用头锥、二锥和三锥时，应先用手将丝锥旋入，再用铰杠攻制。 （4）丝锥每旋进 1～2 圈时，要倒转 1/2 圈，使切屑折断后排出。 （5）攻不通孔螺纹时，要在丝锥上做出深度标记。 （6）能用手直接旋动丝锥时应停止使用铰杠。 （7）用油石进行修磨。 （8）重新选用合适的切削液。 （9）丝锥切削部分全部切入后要停止施加轴向压力
3	螺纹歪斜	（1）手攻时，丝锥位置不正确。 （2）机攻时，丝锥与螺纹底不同轴	（1）用角尺等工具检查，并校正。 （2）钻底孔后不改变工件位置，直接攻制螺纹

续表

序号	常见问题	产生原因	防止方法
4	螺纹表面粗糙	（1）丝锥前、后粗糙度过大。 （2）丝锥前、后角太小。 （3）丝锥磨钝。 （4）丝锥刀齿上粘有积屑瘤。 （5）没有选用合适的切削液。 （6）切屑拉伤螺纹表面	（1）修磨丝锥。 （2）修磨丝锥。 （3）修磨丝锥。 （4）用油石进行修磨。 （5）选用合适的切削液。 （6）经常倒转丝锥，折断切屑

（二）攻丝训练注意事项

① 工件装夹时，要使孔的中心垂直于钳口。底孔要钻正确，防止过大或过小。

② 攻丝时，要保证丝锥与孔端面垂直，如果发现不垂直，应立即校正至垂直。

③ 攻丝时，要注意排屑、润滑和冷却。

任务九　工件套丝

一、任务导入

在一根直径为 9.8mm，长度为 40mm 的 45 钢的圆棒料上，套螺纹达到如图 3-56 所示的要求。

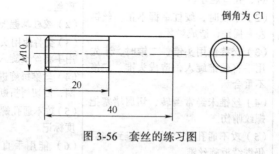

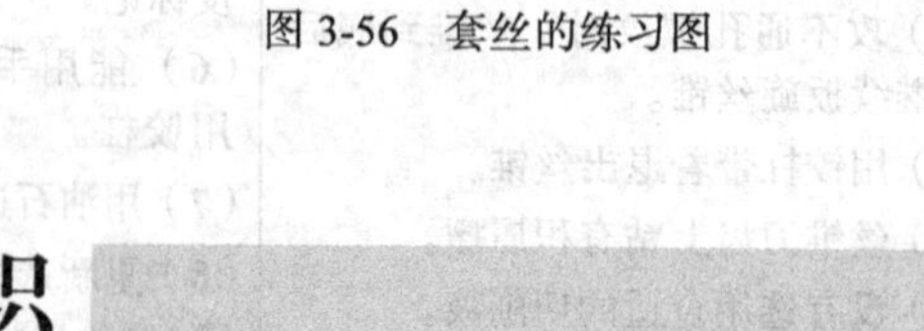

图 3-56　套丝的练习图

二、相关知识

常用的套丝工具如表 3-28 所示。

表 3-28　　常用的套丝工具

序号	名称	图示	说明
1	圆板牙	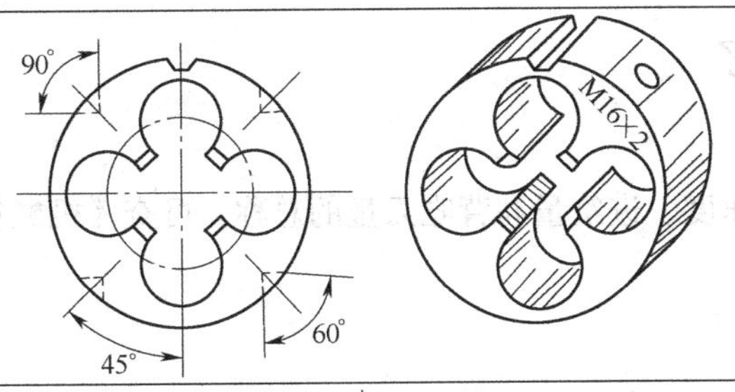	(1) 用加工外螺纹。 (2) 其外形像一个圆螺母，其外圆上有四个锥坑和一条 U 形槽，四个锥坑用于定位和紧固板牙。内孔上面钻有 3~4 个排屑孔合并形成刀刃
2	圆板牙架	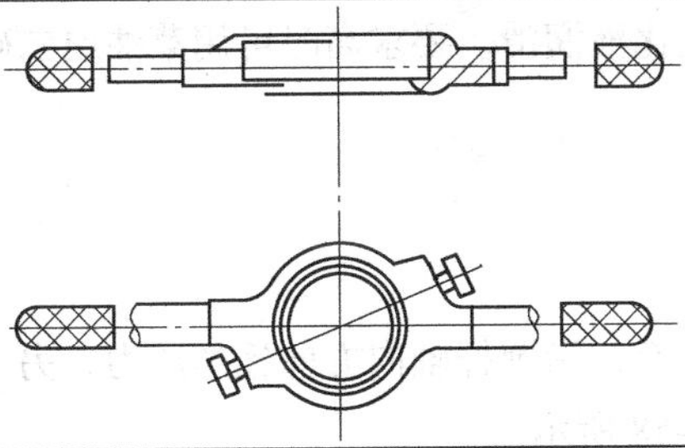	(1) 用来夹持板牙、传递扭矩。 (2)不同外径的板牙应选用不同的板牙架
3	活络管子板牙	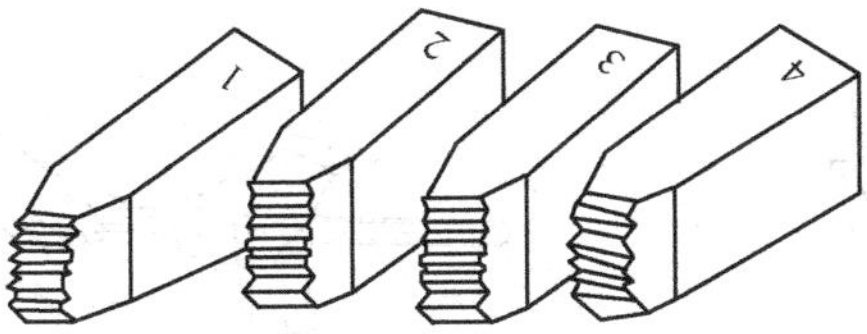	它四块为一组，镶嵌在可调的管子板牙架内，用来套管子外螺纹
4	管子板牙架	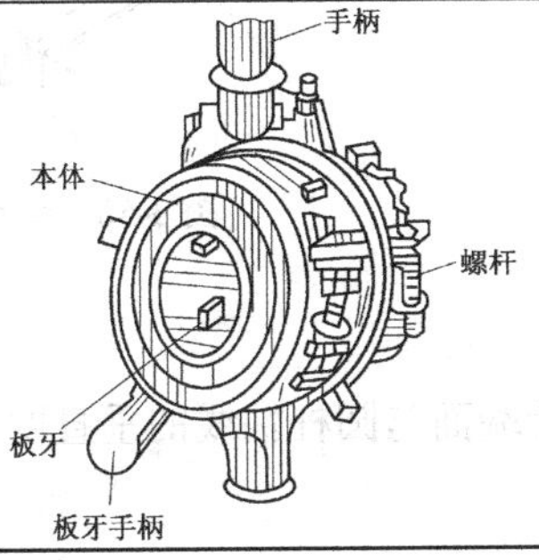	用来夹持活络管子板牙，传递扭矩

三、任务实施

(一) 做好准备工作

1. 确定圆杆直径

圆杆直径应稍小于螺纹的公称尺寸，圆杆直径可查《钳工手册》或按经验公式计算。

经验公式：$d_{杆}$（圆杆直径）= d（螺纹外径）− 0.13 p（螺距）

2. 在虎钳上装夹好工件

工件装夹时，一般用 V 形块或厚铜衬垫将工件夹紧，并使圆杆轴线垂直于钳口，防止螺纹套歪，如图 3-57 所示。

3. 选好圆板牙，并安装好

4. 选择切削用量

切削用量是切削加工过程中切削速度、进给量和背吃刀量的总称。可查《机械加工手册》或《机械加工工艺手册》确定。

5. 选择并添加切削液

在钢制圆杆上套丝时要加机油、浓的乳化液润滑。要求高时可用菜油或二硫化钼。

（二）套丝

1. 开始套丝

开始套螺纹时，一手用手掌按住铰杠中部，沿圆杆轴向方向施加压力，另一只手配合按要求方向切进，动作要慢，压力要大，如图 3-58 所示。

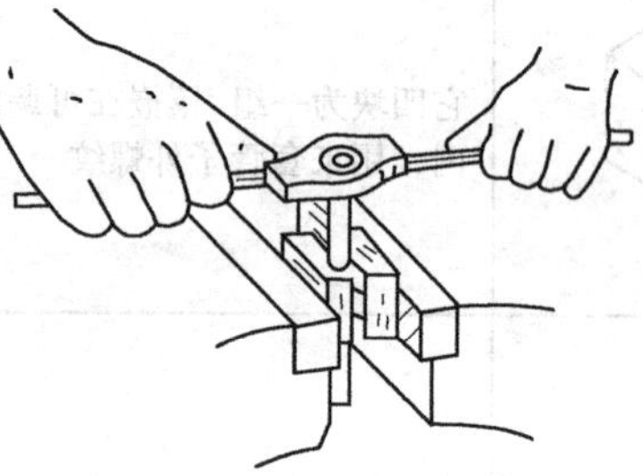

图 3-57　装夹工件

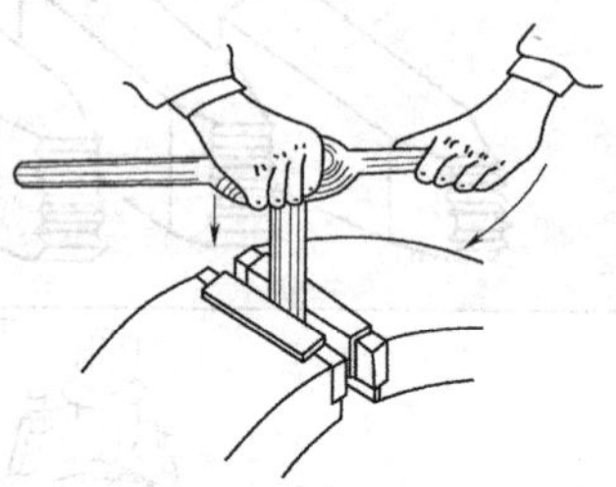

图 3-58　套丝

2. 检查垂直度

在板牙套出 1～2 牙时，要及时检查圆板牙端面与圆杆轴线的垂直度，并及时纠正，如图 3-59 所示。

3. 正常套丝

套出 3～4 牙后，可只转动而不加压，让板牙依靠螺纹自然引进，以免损坏螺纹和板牙，如图 3-60 所示。

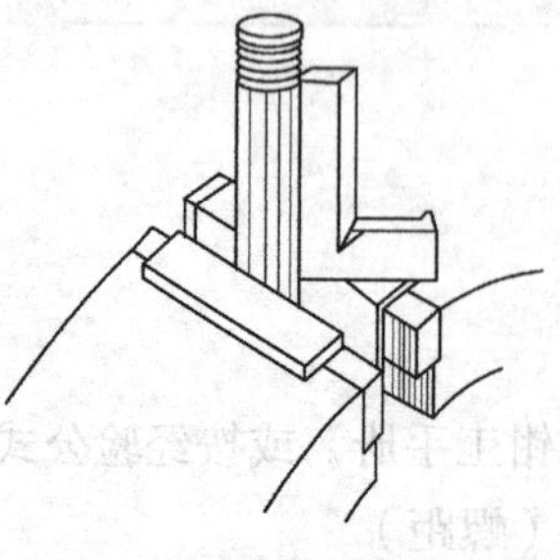

图 3-59　检查垂直度

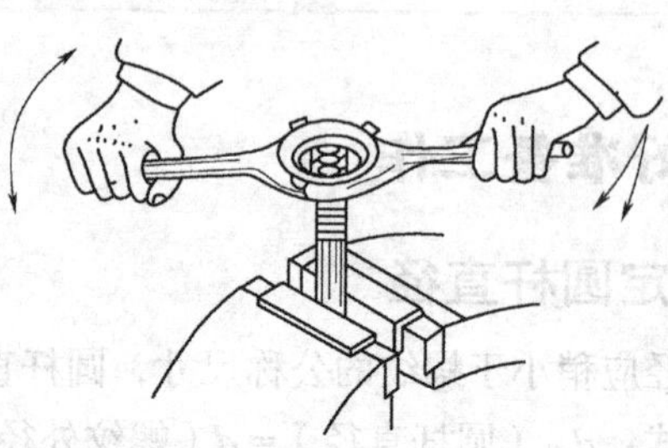

图 3-60　正常套丝

4. 排屑

在套螺纹过程中也应经常反转 1/4～1/2 圈，以便断屑。

（三）清理现场

套丝钻削结束后，应去毛刺，并将工量具收好，做好现场清洁工作。

四、拓展知识

（一）套丝时的常见问题和防止方法（见表 3-29）

表 3-29　套丝时常见问题和防止方法

序号	常见问题	产生原因	防止方法
1	螺纹歪斜	（1）圆杆端部的倒角不符合要求。 （2）两手用力不均匀	（1）使倒角长度应大于一个螺距，斜角为 15°～20°。 （2）两手用力要均匀
2	螺纹乱牙	（1）圆杆直径过大。 （2）套丝时，圆板牙一直不倒转，切屑堵塞而啃坏螺纹。 （3）对低碳钢等塑性好的材料套丝时，未加切削液，圆板牙把工件上的螺纹粘去了一块	（1）圆杆直径要符合要求。 （2）圆板牙要倒转，以折断切屑。 （3）对低碳钢等塑性好的材料套丝时，一定要加切削液
3	螺纹形状不完整	（1）圆杆直径太小。 （2）调节圆板牙时，直径太大	（1）更换圆杆。 （2）调节圆板牙，使其直径合适
4	螺纹表面粗糙	（1）切削液未加注或选用不当。 （2）刀刃上粘有积屑瘤	（1）应选用合适的切削液，并经常加注。 （2）去除积屑，使刀刃锋利

（二）套丝训练注意事项

（1）正确夹持工件，不能损坏工件表面。圆杆的直径一定要准确。

（2）只能用圆板牙铰杠扳动圆板牙。套螺纹时，要注意排屑、润滑和冷却。

任务十　工件刮削

一、任务导入

在尺寸为 100mm × 100mm × 30mm 的 45 方钢板上进行平面刮削练习。

二、相关知识

刮削是用刮刀在有相对运动的配合表面刮去一层很薄金属而达到要求精度的操作方法。刮削时刮刀对工件既有切削作用，又有压光作用，它是一种精加工的方法。刮削常用于零件上互相配合的重要滑动面，如机床导轨面、滑动轴承等，并且在机械制造、工具、量具制造及修理中占有重要地位。

刮削时，常用的显示剂和刮削工具如表 3-30 所示。

表 3-30　　显示剂和刮削工具

序号	名称		图示	说明
1	显示剂			（1）它是用来显示被刮削表面误差大小的辅助涂料。它放在校准工具表面与刮削表面之间，当校准工具与刮削表面合在一起对研后，凸起部分就被显示出来。 （2）常用的显示剂有红丹粉和蓝油。 （3）红丹粉在使用时加机油调成，用于钢和铸铁工件的显点。 （4）蓝油由普鲁士蓝粉加蓖麻油调成，呈蓝色。用于精密工件和有色金属及其合金的工件的显点
2	铸铁平尺		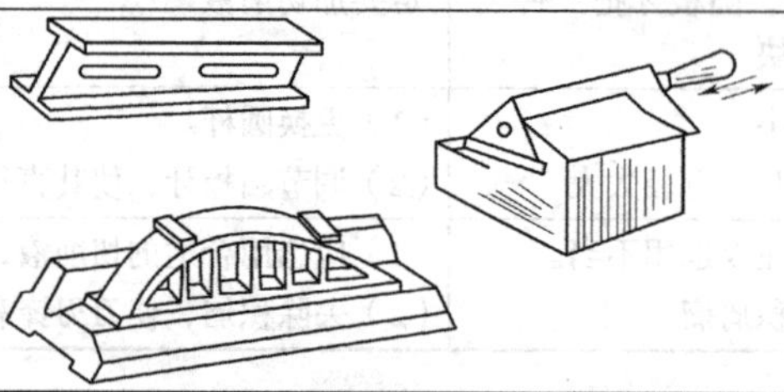	用来推磨点子和检验刮削平面准确性
3	刮刀	平面刮刀	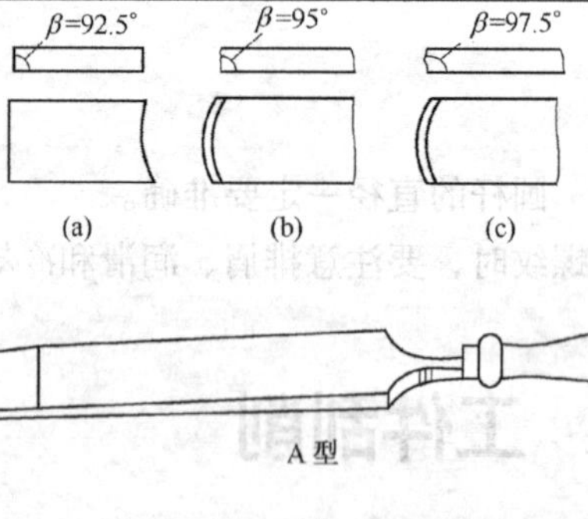 (d)	（1）用来刮削平面，如平板、平面导轨和工作台等。 （2）可分为粗刮刀［见图（a）］、细刮刀［图（b）］和精刮刀［见图（c）］三种
		曲面刮刀	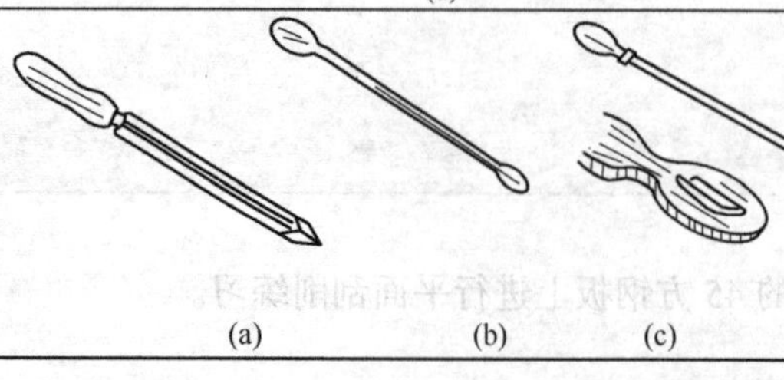	（1）用来刮削曲面。 （2）常用的有三角刮刀［见图（a）］，它用于刮削各种曲面）、蛇头刮刀［见图（b）］，它用于精刮各种曲面）和柳叶刮刀［见图（c）］，它用于精刮加工余量不多的各种曲面）

三、任务实施

（一）根据要求选用刮刀

（二）选择好场地

① 光线要适当。

② 场地要平整、干净和无尘。

（三）清理要刮削的表面

① 铸件必须彻底清砂、去浇口。

② 工件上锐边必须倒去，以防伤手。

③ 工件表面必须擦净。

（四）安放好工件

① 工件必须放平稳。

② 刮削面的高低一般在腰部上下。

③ 刮削小工件时，应用虎钳或夹具夹持，但夹紧力不能太大。

（五）显点

1. 中小型工件显点方法

中小型工件显点方法如图 3-61 所示，一般是标准平板固定不动，工件被刮削平面（事先涂上显示剂）在平板推研。推研时，施加压力要均匀，运动轨迹一般呈 8 字形或螺旋形，也可直线推拉。

2. 大型工件显点方法

大型工件显点方法如图 3-62 所示，一般是以工件固定，标准平板在工件被刮面上研点，标准平板超出工件被刮面的长度，应小于标准平板的 1/5。

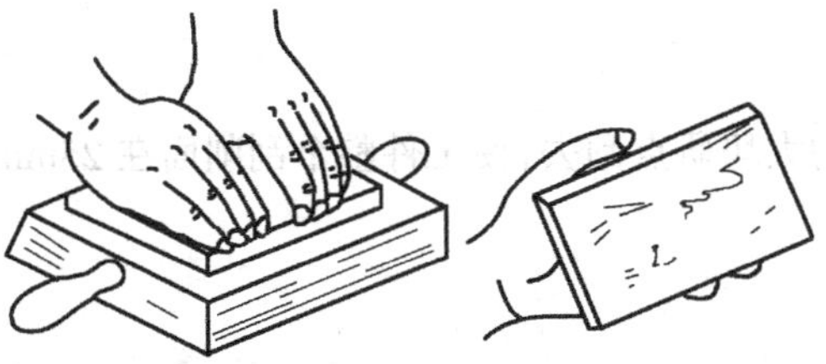

图 3-61 中小型工件显点方法

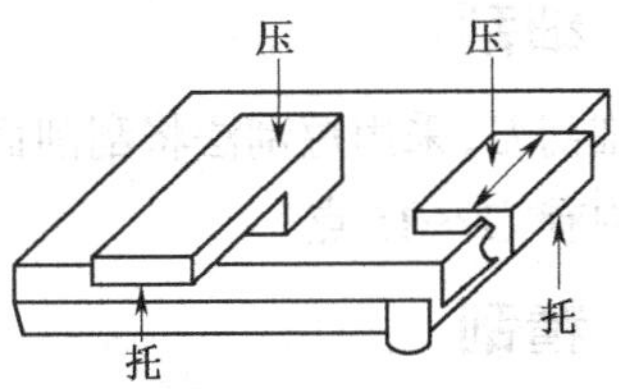

图 3-62 大型工件显点方法

3. 重量不对称工件的显点方法

重量不对称工件的显点推研时，应在工件的适当部位托或压，且托或压的力大小要适当、均匀、平稳。

（六）摆好姿势

1. 挺刮式姿势

挺刮式姿势如图 3-63 所示，将刮刀柄放在小腹右下肌肉处，双手握住刀杆离刃口 70～80mm 处，左手在前，右手在后。刮削时，左手向下压，落刀要轻，利用腿部和臂部的力量使刮刀向前推挤，双手引导刮刀前进，在推挤后的瞬间，用双手将刮刀提起，完成一次刮削。

2. 手推式姿势

手推式姿势如图 3-64 所示。右手握住刀柄，左手握住刀杆距离刀刃 50～70mm 处，刮刀与被刮削面成 25°～30°，同时左脚前跨一步，上身向前倾。刮削时，右臂利用上身摆动向前推，左手向下压，并引导刮刀向前运动，在下压推挤的瞬间迅速抬起刮，完成一次刮削。

图 3-63　挺刮式姿势

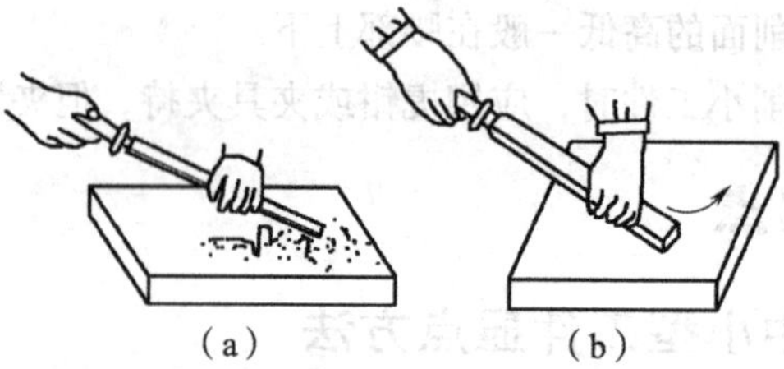

图 3-64　手推式姿势

（七）刮削

1. 粗刮

用粗刮刀，采用长刮法将工件表面刮去一层，使工件整个刮削面在 25mm×25mm 正方形内有 3～4 点。

2. 细刮

用细刮刀，采用短刮法将刮削面上稀疏的大块研点刮去，使工件整个刮削面在 25mm×25mm 正方形内有 12～15 点。

3. 精刮

用精刮刀，采用点刮法将刮削面上稀疏的各研点刮去，使刮削面在 25mm×25mm 正方形内有 20 点以上。在精刮时，刀迹长度为 5 mm 左右，落刀要轻，提刀要快，每个点只能刮一次，不得重复，并始终交叉进行。

4. 刮花

刮花的目的是增加刮削面的美观，改善滑动件之间的润滑。常见的花纹的斜纹花[见图 3-65（a）]、鱼鳞花 [见图 3-65（b）] 和半月花 [见图 3-65（c）]。

（a）斜纹花　（b）鱼鳞花　（c）半月花

图 3-65　刮花的花纹

刮削斜花纹时，精刮刀与工件边呈 45° 角方向刮削，花纹大小视刮削面大小而定。刮削时应朝一个方向刮削，再刮削另一个方向。

刮削月牙花时，先用刮刀的右边（或左边）与工件接触．再用左手把刮刀压平并向前进，即左手在向下压的同时，还要把刮刀有规律的扭动一下，然后起刀，这样连续地推扭刮削。

刮削半月花时，刮刀与工件呈 45° 角方向刮削，同刮"月牙花"一样，先用刮刀的一边与工件接触，再用左手把刮刀压平并向前推进。这时刮刀始终不离开工件，按一个方向连推带扭不断向前推进，连续刮出一串月牙花。然后再按相反方向刮出另一串月牙花。

（八）清洗现场

刮削结束后，要重新清洗工件，再将各种工具量具收好。

四、拓展知识

（一）内曲面刮削（见表 3-31）

表 3-31　内曲面刮削

序号	项目	图示	说明
1	内曲面刮削姿势	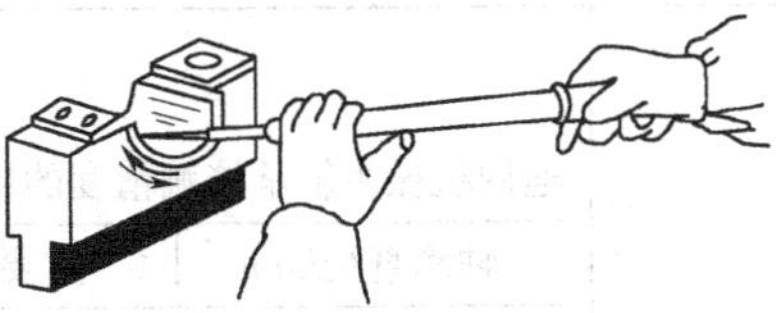	（1）右手握刀柄法：右手握刀柄，左手掌心向下用四指横握刀杆，拇指抵着刀身。刮削时，右手作半圆周转动，左手顺着曲面方向拉动或推动的螺旋形运动，与此同时，刮刀在轴向转动
		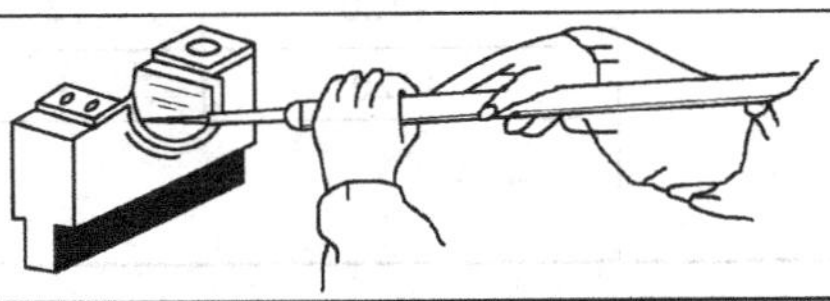	（2）双手握刀杆法：刮刀柄搁在右手臂上，双手握住刀杆。刮削时，左右手动作与上一种动作一样

续表

<table>
<tr><th>序号</th><th>项目</th><th>图示</th><th>说明</th></tr>
<tr><td rowspan="4">2</td><td rowspan="4">内曲面的刮削方法</td><td rowspan="4">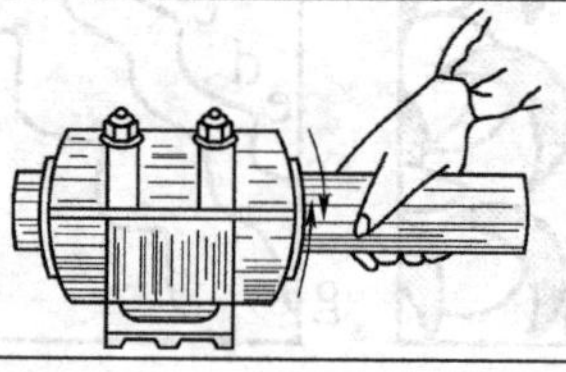</td><td>（1）粗刮：用粗三角刮刀或蛇头刮刀，对滑动轴承单独进行粗刮，刮去机械加工的刀痕</td></tr>
<tr><td>（2）显点：先将显示剂均匀地涂布在轴的圆周面上，使轴在内曲面上来回旋转显示出接触点</td></tr>
<tr><td>（3）细刮：用细三角刮刀或蛇头刮刀在曲面内接触点上作螺旋运动刮除研点，直至研点符合要求</td></tr>
<tr><td>（4）精刮：在细刮基础上用小刀迹进行精刮使研点小而多，直至研点符合要求</td></tr>
</table>

（二）刮削精度的检查（见表 3-32）

表 3-32　　刮削精度的检查

<table>
<tr><th>序号</th><th>名称</th><th>图示</th><th>说明</th></tr>
<tr><td>1</td><td>平面刮削精度的检查</td><td>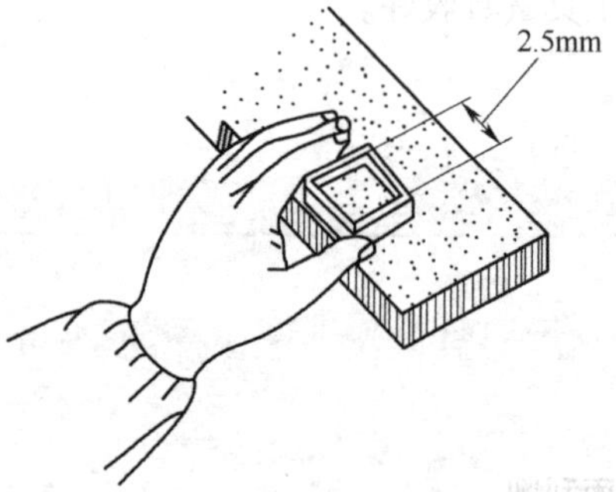
</td><td>刮削的精度常用25mm×25mm的正方形内的研点数目来表示。各种平面接触精度的接触点数如下表所示
<table>
<tr><th>平面类型</th><th>点数/25mm×25mm</th><th>应用举例</th></tr>
<tr><td>超精密面</td><td>>25</td><td>0级平板，精密量具</td></tr>
<tr><td rowspan="2">精密平面</td><td>20～25</td><td>1级平板，精密量具</td></tr>
<tr><td>16～20</td><td>精密机床导轨</td></tr>
<tr><td rowspan="4">一般平面</td><td>12～16</td><td>机床导轨及导向面</td></tr>
<tr><td>8～12</td><td>一般基准面</td></tr>
<tr><td>5～8</td><td>一般结合面</td></tr>
<tr><td>2～5</td><td>较粗糙固定结合面</td></tr>
</table></td></tr>
<tr><td>2</td><td>曲面刮削精度的检查</td><td></td><td>通用机械主轴承接触精度的接触点数如下
<table>
<tr><th>轴承直径/mm</th><th>重要</th><th>普通</th></tr>
<tr><td>≤120</td><td>12</td><td>8</td></tr>
<tr><td>>120</td><td>8</td><td>6</td></tr>
</table></td></tr>
</table>

（三）刮刀的刃磨（见表 3-33）

表 3-33　　刮刀的刃磨

序号	名称	图示	说明
1	平面刮刀的刃磨	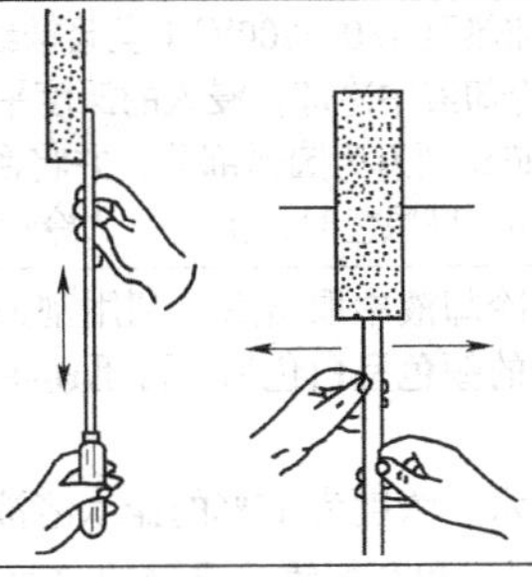	（1）粗磨：双脚叉开并站稳，双手前后握刮刀，先磨两大平面，再磨出两侧面，再磨出刀口。然后进行热处理
			（2）细磨：细磨两大平面，使其长度为 30～60mm，宽为 1.5～4mm；细磨两侧面，使其平整；细磨顶端面，使其与刀身中心线垂直
			（3）精磨：在油石上加适量机油精磨刮刀，使刃口锋利
2	三角刮刀的刃磨	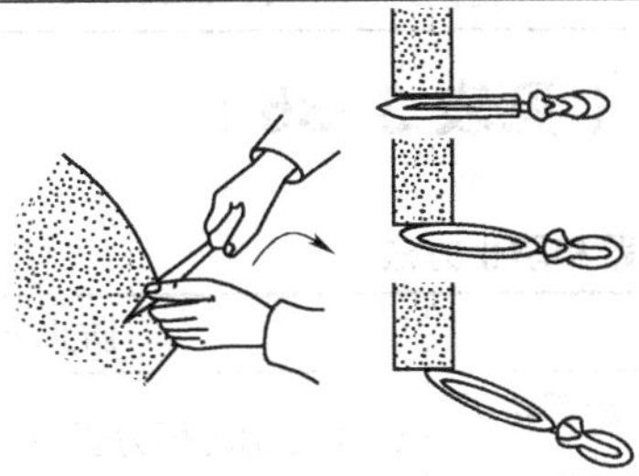	（1）粗磨：双脚叉开并站稳，右手握刮刀刀柄，左手将刮刀的刃口以水平位置轻压在砂轮的外圆弧面上，按刀刃弧形来回摆动。一面磨好后再用同样的方法磨另两个面，使三个面的交线形成弧形刀刃
		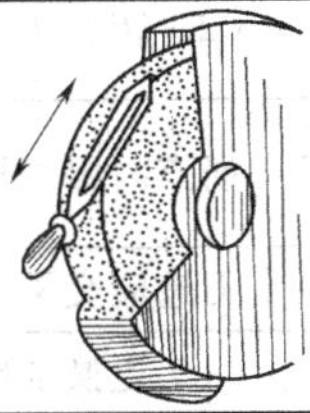	（2）开槽：磨削时，刮刀应上下移动，刀槽要开在两刃中间，刀刃边上只留 2～3mm 的棱边
			（3）细磨：热处理后再细磨
		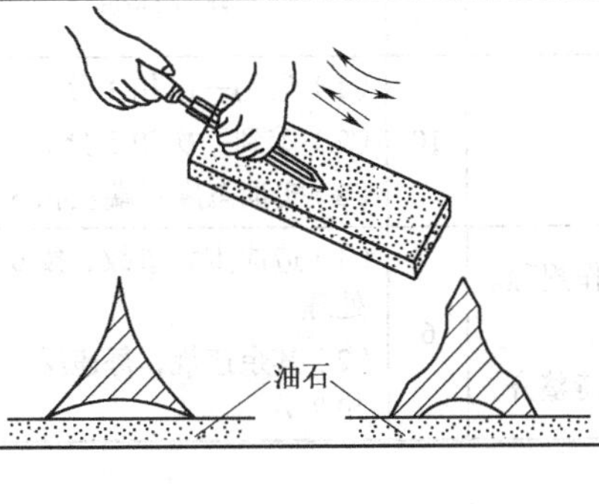	（4）精磨：右手握住刮刀的刀柄，左手压在刀刃上，将刮刀的两个刀刃同时放在油石上来回刃磨，直至锋利为止

（四）刮刀的刃热处理（见表 3-34）

表 3-34 刮刀的热处理

序号	名称	图示	说明
1	淬火	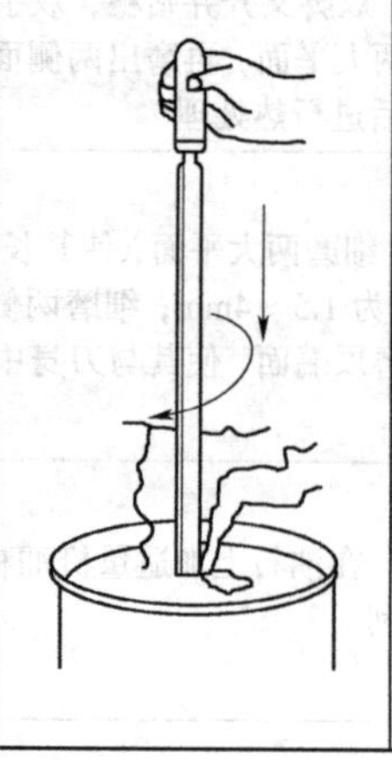	用氧—乙炔火焰或炉火加热至 780～800℃（呈暗桔红色）后，迅速从炉中取出，并垂直把刮刀放入冷却液中冷却。浸入的深度平面刮刀为 5～11mm，三角刮刀为整个切削刃，蛇头刮刀为圆弧部分，并将刮刀沿着液面缓慢移动，待冷却到刮刀露出液面部分呈黑色时，把刮刀从冷却液中取出
2	回火		（1）回火时，把刮刀从冷却液中取出后，利用刮刀上部的余热进行回火，当刮刀浸入冷却液部分的颜色呈白色后，再迅速将刮刀浸入冷却液中，至完全冷却后再取出。 （2）回火用的冷却液有水、浓度为 15%的盐水溶液和油三种。 ① 水一般用于平面粗刮刀和刮削铸铁或钢的曲面刮刀的淬火，淬火硬度低于 60HRC。 ② 浓度为 15%的盐水溶液用于刮削较硬金属的刮刀的淬火，淬火硬度高于 60HRC。 ③ 油用于曲面刮刀和平面精刮刀的淬火，淬火硬度在 60HRC 左右

（五）刮削时常见问题和防止方法（见表 3-35）

表 3-35 刮削时常见问题和防止方法

序号	常见问题	产生原因	防止方法
1	深凹痕	（1）粗刮时用力不均匀，局部落刀太重或多次刀痕重叠。 （2）刮刀刃磨得过于弧形	（1）粗刮时用力要均匀，刀痕不得重叠。 （2）按要求磨刀
2	划道	研点时夹有砂粒、铁屑等杂质，或显示剂不干净	研点时要将被刮表面清理干净
3	振痕	多次同向刮削，刀迹没交叉	刀迹应交叉
4	刮削面精密度不够	（1）研具不准确。 （2）推研时压力不均匀，研具伸出工件太多，按出现的假点刮造成	（1）更换准确的研具。 （2）推研时压力要均匀，研具伸出工件不能太多

项目评价

序号	考核内容	考核要求	配分	评分标准	检测结果	得分
1	实训态度	（1）不迟到，不早退。 （2）实训态度应端正	10	（1）迟到一次扣 1 分。 （2）旷到一次扣 5 分。 （3）实训态度不端正扣 5 分		
2	安全文明生产	（1）正确执行安全技术操作规程。 （2）工作场地应保持整洁。 （3）工件、工具摆放应保持整齐	6	（1）造成重大事故，按 0 分处理。 （2）其余违规，每违反一项扣 2 分		

续表

序号	考核内容	考核要求	配分	评分标准	检测结果	得分
3	设备、工具、量具的使用	各种设备、工具、量具的使用应符合有关规定	4	（1）造成重大事故，按0分处理。 （2）其余违规，每违反一项扣1分		
4	操作方法和步骤	操作方法和步骤必须符合要求	30	每违反一项扣1～5分		
5	技术要求	应符合图样上的要求	50	超差不得分		
6	工时			每超时5分钟扣2分		
7	合　计					

自测题

1. 简述锯条的选用和安装方法。
2. 简述锯削的姿势和方法。
3. 简述錾子的刃磨步骤和方法。
4. 简述錾子的热处理方法。
5. 錾子的握法有哪几种？
6. 简述錾削的站立姿势。
7. 简述起錾方法。
8. 简述常见形状工件錾削方法。
9. 简述锉刀的结构和种类。
10. 简述锉刀的选用方法。
11. 简述锉刀手柄的安装和拆卸方法。
12. 简述锉刀的握法。
13. 简述锉削姿势。
14. 简述常见表面的锉削方法。
15. 常用钻孔设备和工具有哪些？
16. 简述钻头的刃磨方法。
17. 简述钻头刃磨的检验方法。
18. 简述钻头的装拆方法。
19. 简述锪孔方法。
20. 简述铰刀的种类及结构。
21. 简述螺纹的内径、中径和外径。
22. 简述常用的攻丝工具。

项目四

装配性操作

【能力目标】

1. 掌握常用连接件的装配和拆卸步骤和方法。
2. 掌握常用轴承的装配和拆卸步骤和方法。

【知识目标】

1. 认识常用连接件的装配和拆卸工具。
2. 认识常用轴承的装配和拆卸工具。

项目导入

本项目通过两个任务让学生弄清常用连接件、轴承装配和拆卸的步骤和方法。

任务一　连接件装配和拆卸

一、任务导入

连接是指被连接件与连接件的组合结构。起连接作用的零件，如螺栓、螺母、键以及铆钉等，称为连接件。需要被连接起来的零件，如齿轮与轴等，称为被连接件。

连接按是否可运动，可分为静连接和动连接两类。被连接的零、部件之间的相对位置不发生变化的连接，称为静连接，如减速器中箱体和箱盖的连接。被连接的零、部件之间有相对位置发生变化的连接，称为动连接。

连接按是否可拆卸，可分为可拆连接和不可卸连接两类。允许被连接件多次拆装而不损坏其使用性能的连接，称为可拆连接，如螺纹连接、键连接和销连接等。若不损坏组成零件就不能拆开的连接称为不可卸连接，如焊接、粘接和铆接等。

本任务要求学会螺纹连接、键连接、销连接的装配和拆卸方法。

二、相关知识

（一）装配的工艺流程（见表 4-1）

表 4-1　　装配的工艺流程

序号	步骤	说明
1	弄清要求，确定装配方法，清理零部件	（1）研究产品的装配图、工艺文件及技术条件，了解产品的结构和零件作用，以及相互间的连接关系
		（2）确定装配的方法、顺序和所需的工具
		（3）对被装配的零件进行清洗和清理，去掉毛刺、锈蚀、油污等其他异物
2	装配	（1）组件装配：它是将若干零件安装在一个基础零件上而构成组件的操作过程。如减速器中一根传动轴组件，就是由轴、齿轮、键等零件装配而成的组件
		（2）部件装配：它是将若干个零件、组件安装在另一个基础零件上而构成部件的操作过程。如车床的主轴箱、进给箱、溜板箱等
		（3）总装配：它是将若干个零件、组件、部件组合成整台机器的操作过程。例如车床就是由车床的主轴箱、进给箱、溜板箱等部件总装而成
3	调试	调试是通过试验来调整各部分，使他们相互有机协调地进行工作
4	喷漆、涂油及装箱	喷漆是为了防止不加工面生锈和使产品更加美观；涂油是使工作表面和零件已加工表面不生锈；装箱是为了便于运输

（二）装配方法（见表 4-2）

表 4-2　　装配方法

序号	方法	图示	说明
1	修配装配法	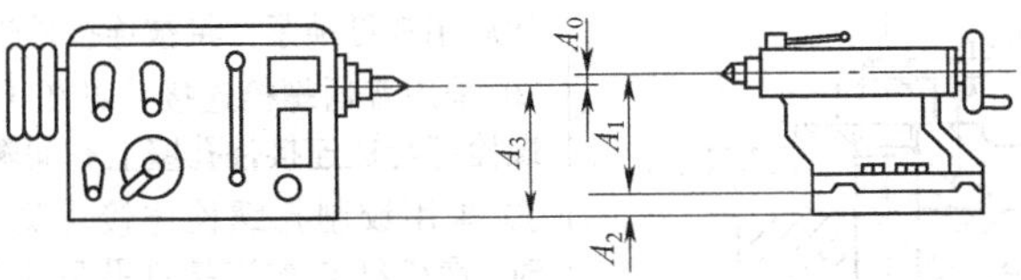	（1）装配时，要修去指定零件上预留修配量来达到装配精度。如图所示的尾座的装配中，就必须修刮底板尺寸 A_2 的预留量，使前后两顶尖中心线达到规定的等高，且允许误差为 A_0。 （2）它主要用于单件、小批量生产或成批生产精度要求高又不便于流水作业的产品的装配中

续表

序号	方法	图示	说明
2	调整装配法	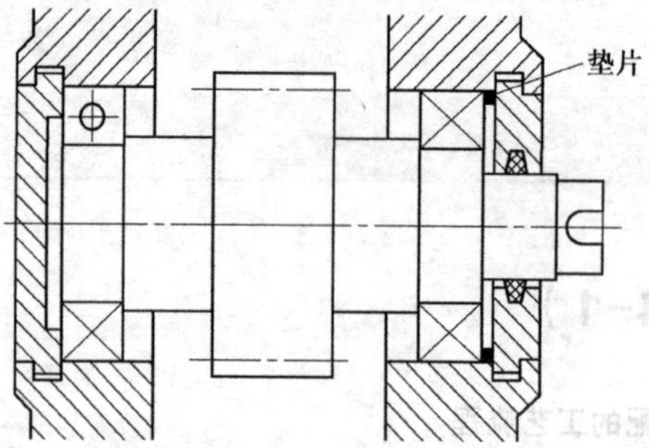	（1）装配时，用来改变可调整零件的相对位置或选用合适的调整件，来达到装配精度。 （2）用于零件多、装配精度要求高而又不宜于用选配法的产品的装配中
3	选择装配法		（1）直接选配法 ① 装配时，由装配工人直接从一批零件中选择尺寸相当的零件进行装配。 ② 方法简单，用于节拍要求不严格的大批量生产产品的装配
			（2）分组选配法 ① 装配时，将一批零件逐一测量后，按实际尺寸的大小分成若干组，然后将尺寸大的包容件与尺寸大的被包容件相配，将尺寸小的包容件与尺寸小的被包容件相配。 ② 装配精度高，常用于成批生产或大量生产产品的装配
4	互换装配法		（1）装配时，各配合零件不经修配、选择或调整，即可达到装配精度。装配精度由零件制造精度来保证。 （2）主要用于大批量生产产品的装配

（三）连接件的类型（见表 4-3）

表 4-3　　连接件的类型

序号	类型	图示	说明
1	螺纹连接	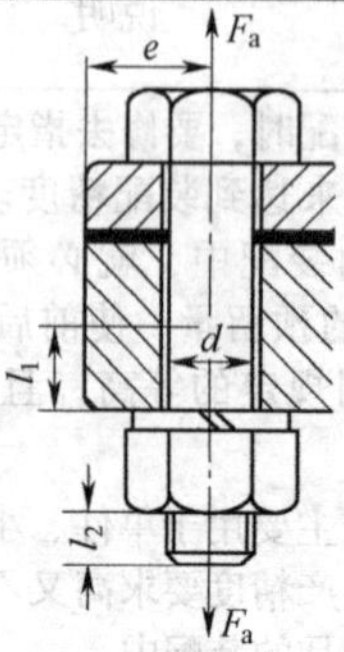(a) 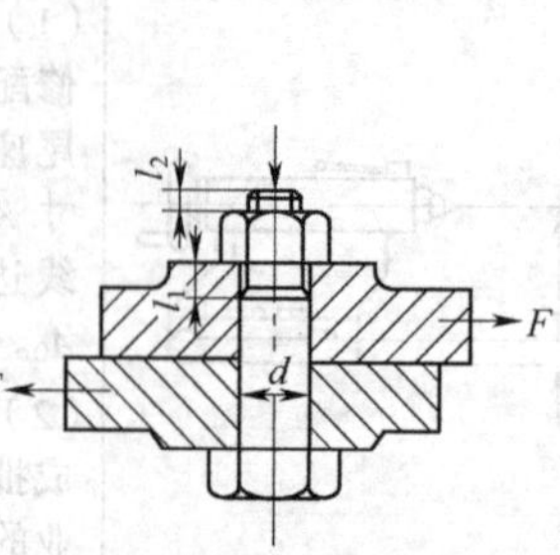(b)	（1）螺栓连接 ① 连接时，先将螺栓穿过被连接件的孔，然后用螺母锁紧，将被连接件连接起来。 ② 采用普通螺栓连接［见图（a）］时，螺栓杆与被连接件孔壁上有间隙。 ③ 采用铰制孔螺栓连接［见图（b）］时，螺栓杆与被连接件孔壁上为基孔制配合

续表

序号	类型	图示	说明
1	螺纹连接	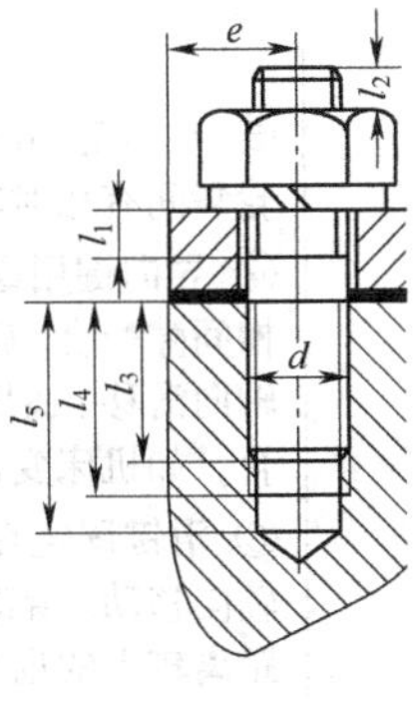	（2）双头螺柱连接 ① 连接时，先将双头螺柱一端旋紧在被连接件之一的螺纹孔中，另一端则穿过其余被连接件的通孔，然后用螺母锁紧，将被连接件连接起来。 ② 适用于被连接件之一太厚，不能用螺栓连接或希望连接较紧凑，且需经常拆装的场合
		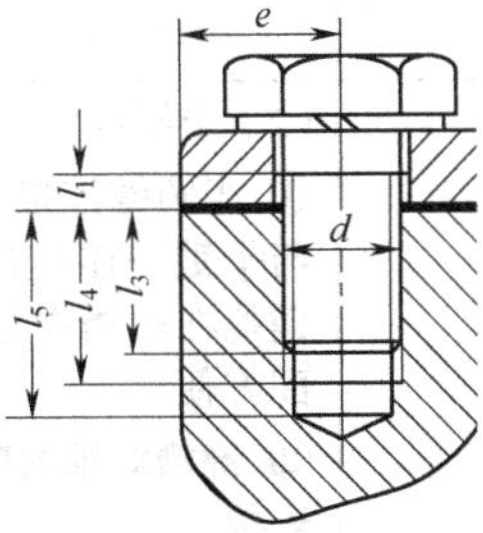	（3）螺钉连接 ① 连接时，先将螺钉穿过一被连接件的通孔，然后旋入另一被连接件的螺纹孔中。 ② 适用于被连接件之一太厚，不能用螺栓连接，且不需经常拆装的场合
		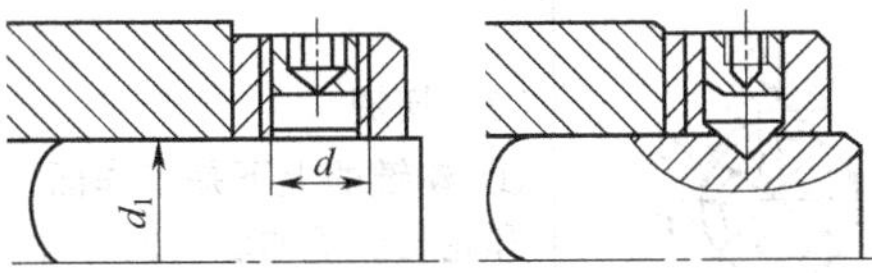	（4）紧定螺钉连接 ① 连接时，将螺钉旋入被连接件的螺纹孔中，并经其末端顶住被连接件的表面或顶入相应的凹坑中。 ② 适用于轴与轴上零件的连接，并可传递不大的载荷
2	键连接	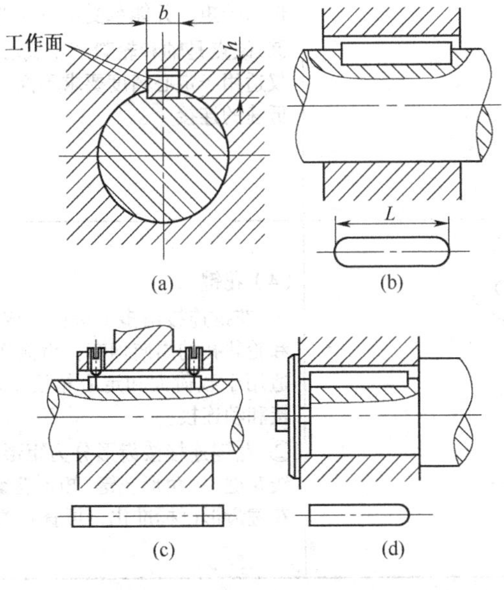	（1）平键 ① 平键的两侧面是工作面，与键槽配合，工作时靠键与槽侧面互相挤压传递扭矩。平键连接结构简单、工作可靠、装拆方便、对中性良好，但不能实现轴上零件的轴向固定。 ② 普通平键用于静连接（见图），即轴与轮毂间无相对轴向移动的连接。按端部形状可分为A型（圆头）、B型（方头）、C型（单圆头）3种

续表

序号	类型	图示	说明
		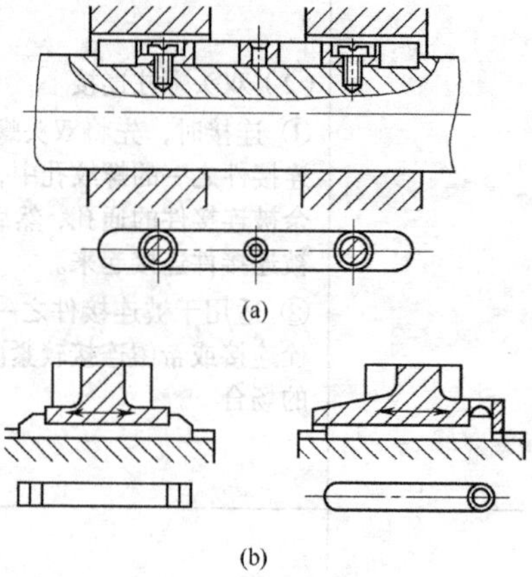	③ 导向键和滑键都用于动连接，即轴与轮毂间有相对轴向移动的连接。 ④ 导向键用螺钉固定在轴槽中，键与毂槽间隙配合，轴上带毂零件能沿导向键作轴向滑移。适用于轴向移动距离不大的场合，如机床变速箱中的滑移齿轮。 ⑤ 滑键固定在轮毂上，带毂零件带着作轴向移动。滑键用于轴上零件在轴上移动距离较大的场合，以免使用长导向键
		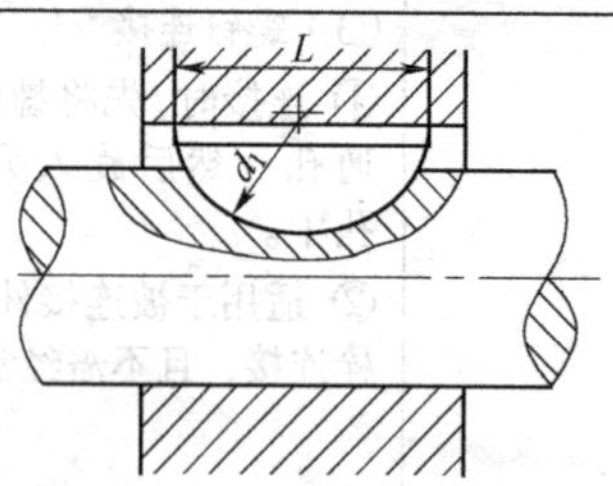	（2）半圆键 ① 半圆键连接是以两侧面为工作面，它与平键一样具有定心较好的优点。半圆键能在轴槽中摆动以适应毂槽底面，装配方便。 ② 键槽对轴的削弱较大，只适用于轻载连接
2	键连接	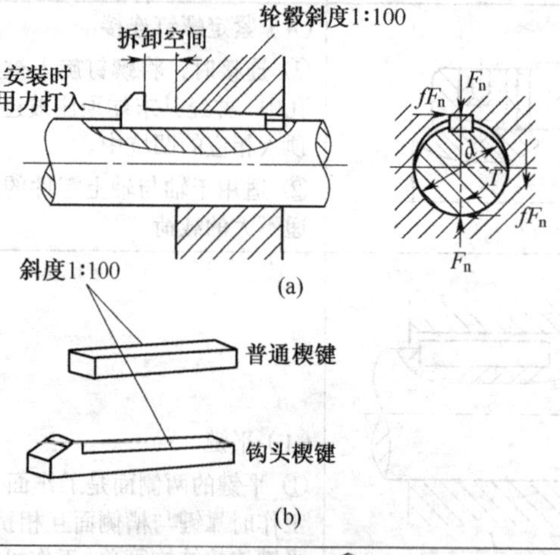	（3）楔键 ① 楔键的上下是工作面，键的上下表面和轮毂键槽的底面也有 1∶100 的斜面，把楔键打入轴和轴毂槽内时，其工作面产生很大的预紧力，工作时，主要靠摩擦力传递转矩，并能承受单方向的轴向力。 ② 缺点是轴和轮毂产生偏心，因此楔键仅适用于定心精度要求不高、载荷平稳和低速的连接
		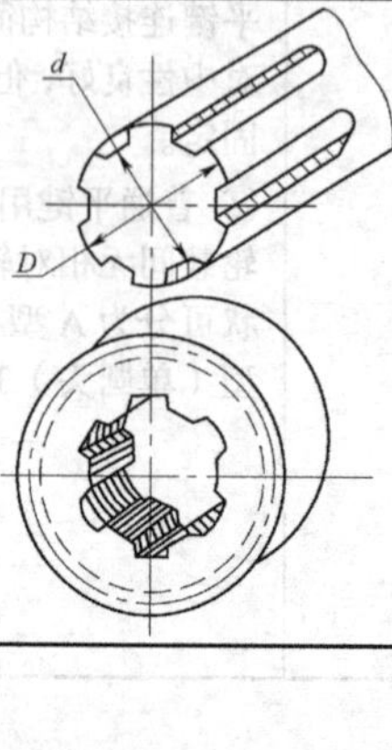	（4）花键 ① 花键连接由多个键齿构成，键齿沿轴和轮毂孔的周向均布，齿侧面为工作面，适用于载荷大和定心精度要求高的静连接和动连接。 ② 花键连接按齿形分为矩形花键、渐开线花键、三角形花键。矩形花键应用最广。花键齿形已标准化，可查有关手册

续表

序号	类型	图示	说明
3	销连接	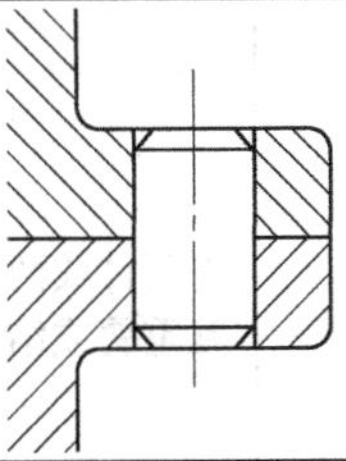	（1）圆柱销连接 不宜经常拆装
		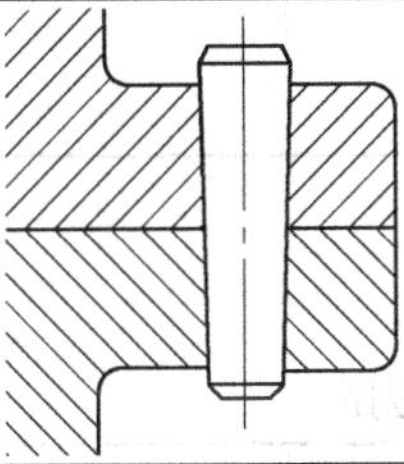	（2）圆锥销连接 用来定位，对中性好，易于拆装
4	焊接		它是通过加热或加压，或者两者并用，并且用或不用填充材料，使焊件达到原子结合的一种加工方法
5	铆接		它是利用铆钉把两个或两个以上的零件或构件连接成为一个整体的连接方法
6	粘接		它是利用粘接剂把两个或两个以上的零件或构件连接成为一个整体的连接方法

（四）铆接的形式（见表 4-4）

表 4-4　　铆接的形式

序号	形式	图示	说明
1	对接	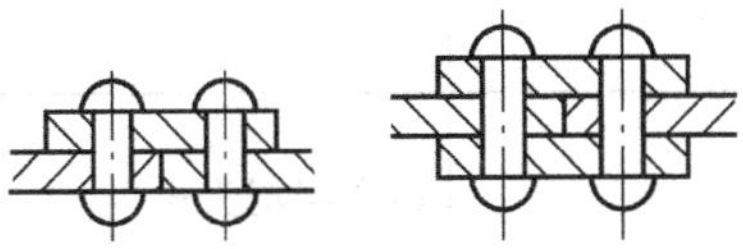 (a)　(b)	（1）将两块板料置于同一平面，利用盖板进行铆接。 （2）可分为单盖板式对接［见图（a）］和双盖板式对接［见图（b）］两种
2	搭接	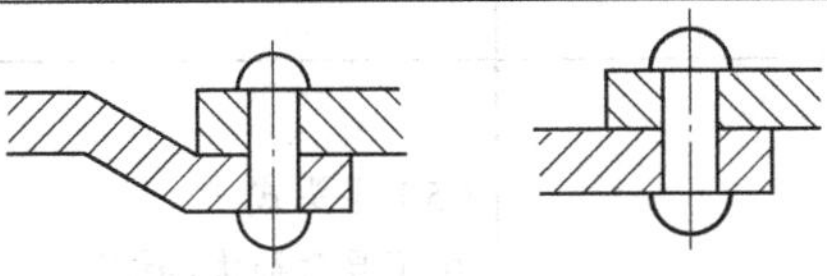 （a）　（b）	将一块板搭在另一块扳上进行铆接
3	角接	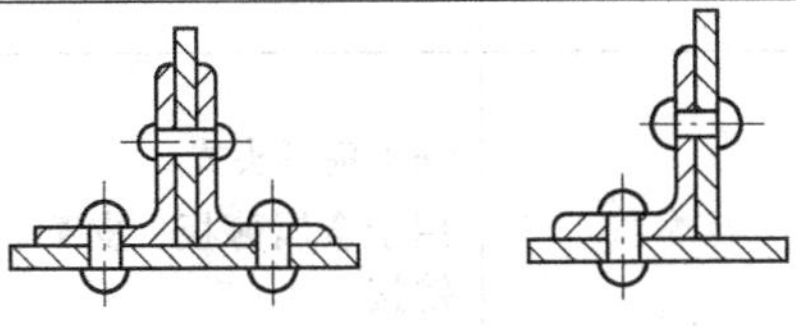 （a）　（b）	将两块板互相垂直或成一定角度进行铆接

续表

序号	形式	图示	说明
4	相互铆接	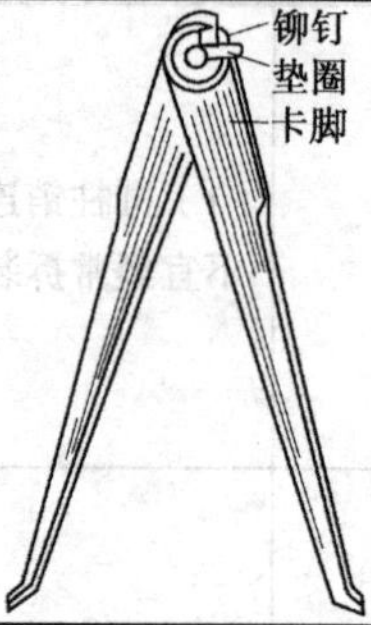	将两件或两件以上形状相同或类似的、相互重叠或结合在一起的零件进行铆接

（五）铆钉的形式及应用（见表 4-5）

表 4-5　　铆钉的形式及应用

序号	形式	图示	说明
1	实心铆钉	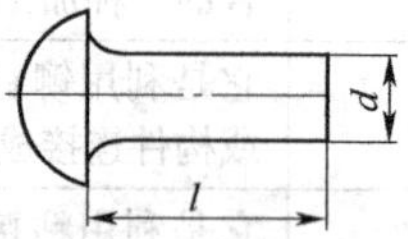	（1）半圆头式 用于承受较大横向载荷的铆接，应用最广
		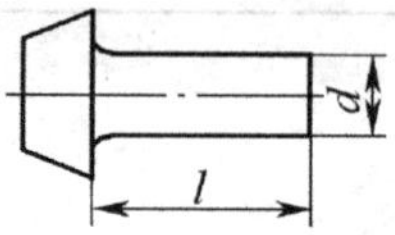	（2）平锥头式 用于承受较大横向载荷、并有腐蚀性介质的铆接
		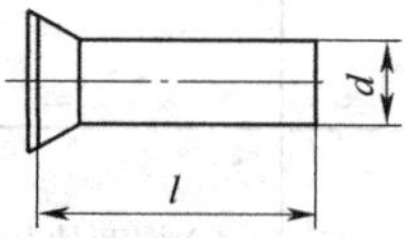	（3）沉头式 用于表面须平滑、受载不大的铆接
		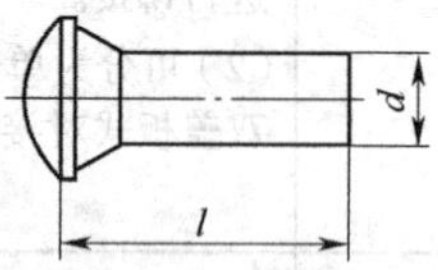	（4）半沉头式 多用于薄板中表面要求光滑、受载荷不大的铆接
		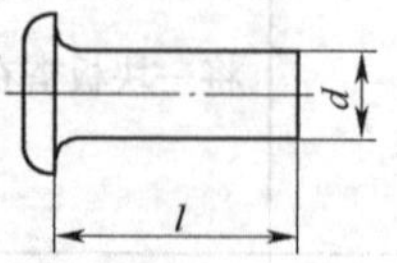	（5）平头式 用于受载荷大的铆接
		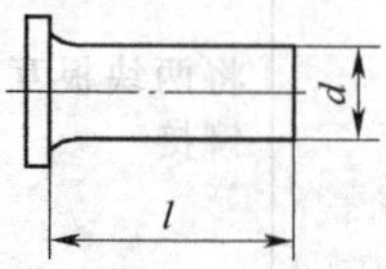	（6）扁平头式 用于金属薄板、皮革、塑料、帆布等的铆接

续表

序号	形式	图示	说明
2	半空心铆钉	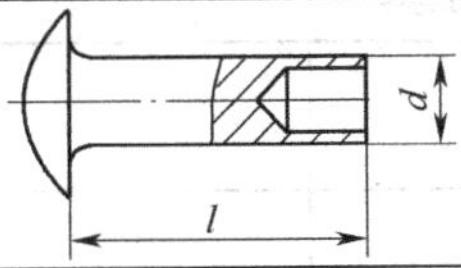	（1）扁圆头式 用于受载荷小的铆接
		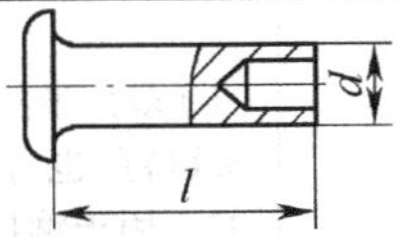	（2）扁平头式 用于金属薄板或非金属材料受载荷小的铆接
3	空心铆钉	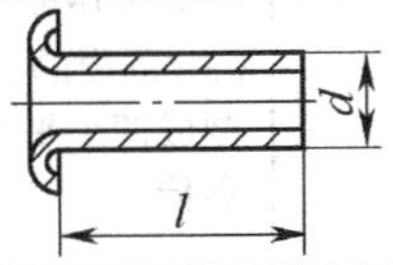	质量轻、钉头弱，仅用于受载小的薄板、脆性或弹性材料的铆接

（六）常用连接件的装配和拆卸工具（见表 4-6）

表 4-6　常用连接件的装配和拆卸工具

序号	名称	图示	说明
1	活络扳手	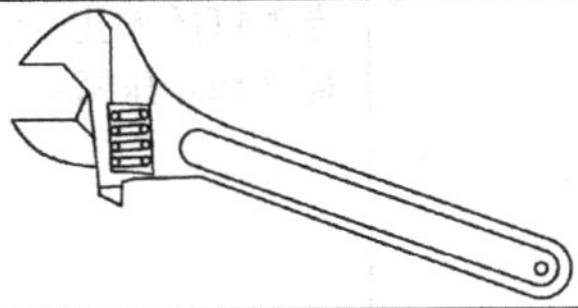	开口宽度可调，用于拧紧或松开螺栓或螺母
2	套筒扳手	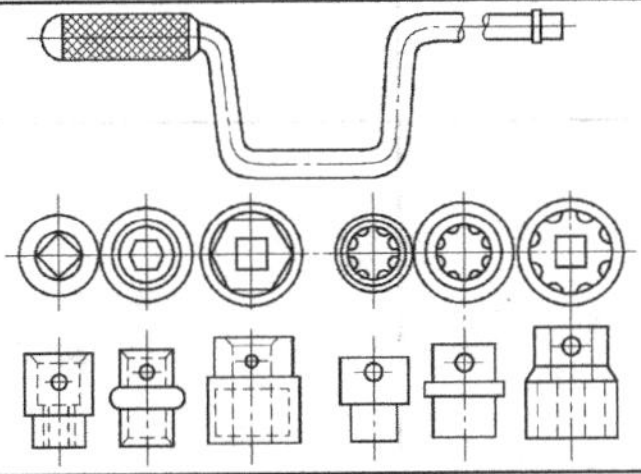	用于普通扳手不能使用的狭小位置处的螺栓或螺母的拧紧或松动
3	叉扳手	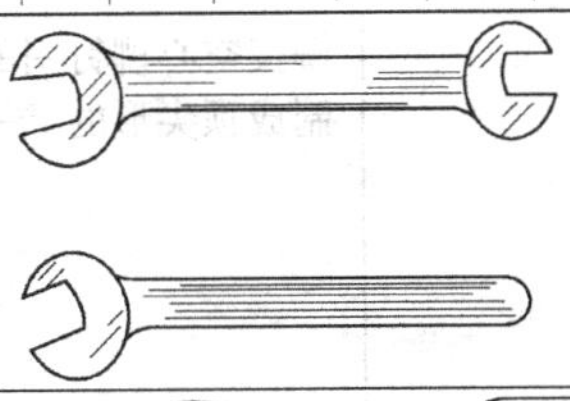	开口不可调，用于拧紧或松开螺栓或螺母
4	专用扳手	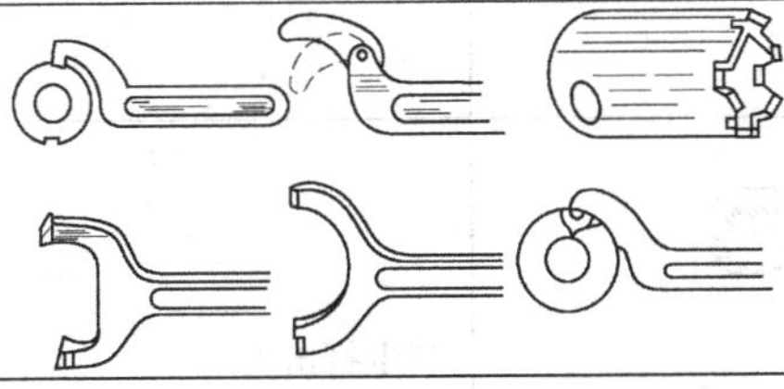	用于特殊螺母的拧紧或松开
5	扭力扳手	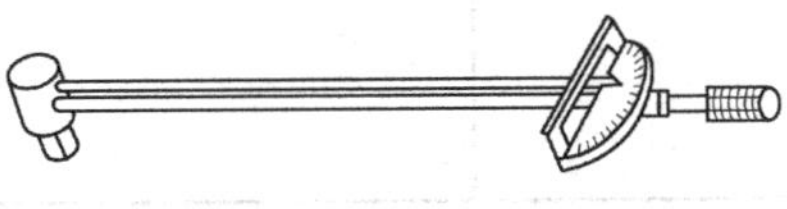	用于有预紧力要求的螺母或螺栓的拧紧和检查

（七）常用的铆接工具（见表 4-7）

表 4-7　　常用的铆接工具

序号	名称	图示	说明
1	罩模和顶模	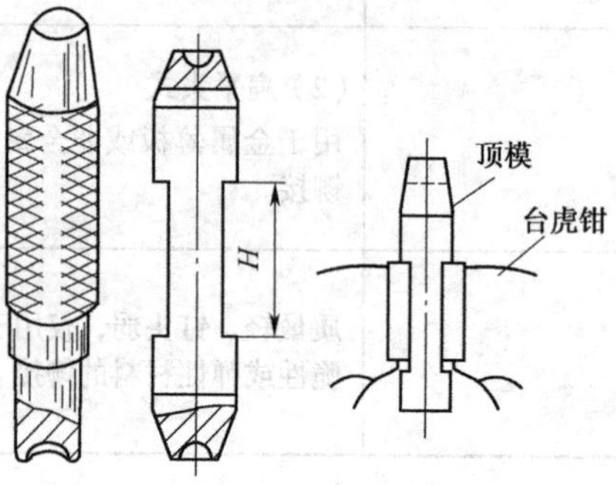 (a) (b)	（1）多为半圆头的凹球面，用于铆接半圆头铆钉。也有按平头铆钉的头部制成凹形的，用于铆接平头铆钉。 （2）工作部分需要淬硬和抛光。 （3）罩模的柄部为圆柱形，而顶模的柄部制成两个平行的平面，可在台虎钳上稳固夹持
2	压紧冲头	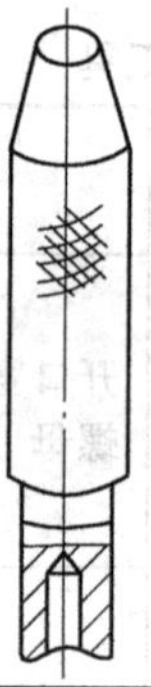	当铆钉插入孔中后，用压紧冲头把被铆的板件相互压紧
3	铆接空心铆钉用的冲头	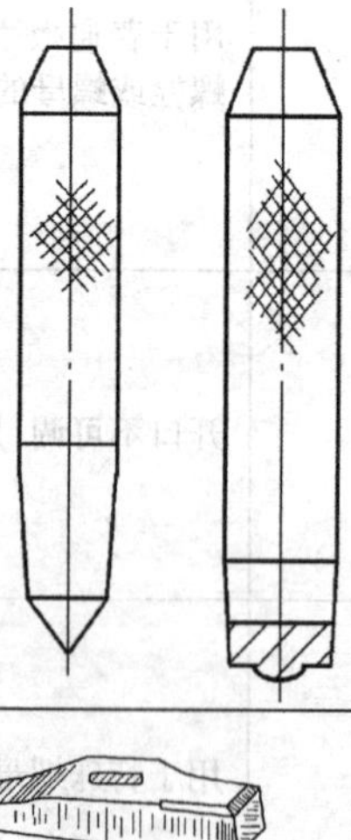	铆接空心铆钉用的冲头，两个一组，一个制成顶尖形的，一个制成带圆凸形冲头
4	锤子	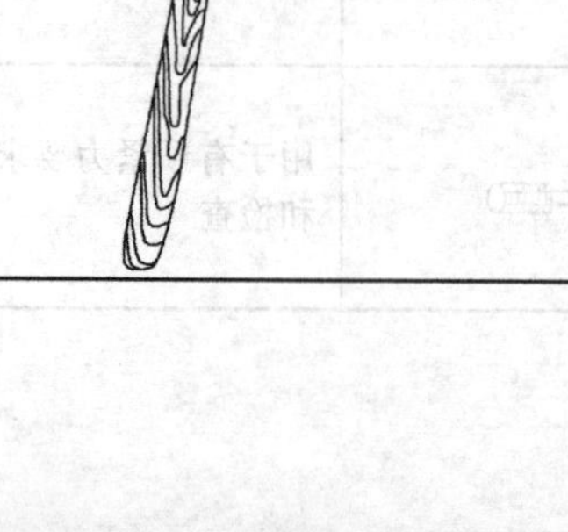	产生打击力

三、任务实施

（一）用螺栓连接两块厚 10mm 的工件

1. 熟悉并掌握螺纹连接要求

（1）螺栓笔直，不应歪斜或弯曲，螺母与被连接件接触良好。

（2）拧紧力矩要适当。

（3）要有防松措施。

（4）装配成组螺钉、螺母时，为保证零件贴合面受力均匀，应按一定要求旋紧，并且不要一次完全旋紧，应按次序分两次或三次旋紧。

2. 选好防松方法

3. 拧紧

（1）一般螺母的拧紧方法（如图 4-1 所示）。

① 可用活动扳手、叉式呆扳手、套筒扳手或梅花呆扳手等逐渐拧紧。

② 如果螺栓是活动的，还必须用另一扳手将螺栓卡住，使其不动。

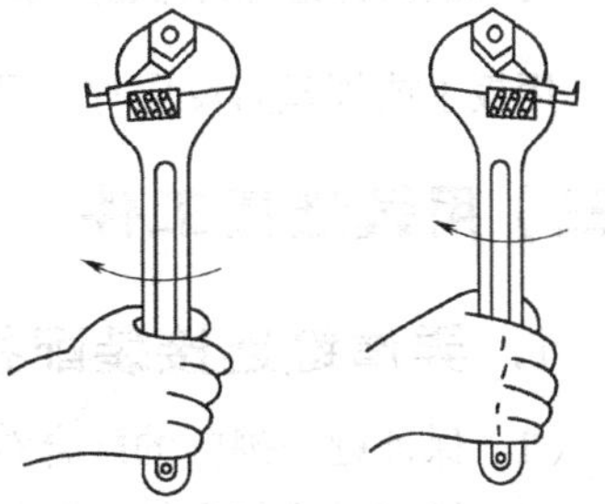

（a）正确方法　　（b）不正确方法

图 4-1　用活动扳手拧紧螺母的方法

（2）双头螺柱的拧紧方法（如图 4-2 所示）。

① 可用叉式呆扳手、活动扳手、套筒扳手或梅花呆扳手等逐渐拧进一个螺母。

② 将另一个螺母拧进，并使两个螺母相互锁紧。

③ 用扳手转动上面的螺母，可将双头螺柱拧入螺孔中。

（3）长螺母的拧紧方法（如图 4-3 所示）。

① 将长六角螺母拧进双头螺柱上。

② 将止动螺钉拧紧。

③ 扳动长六角螺母，可将双头螺柱拧入螺孔中。

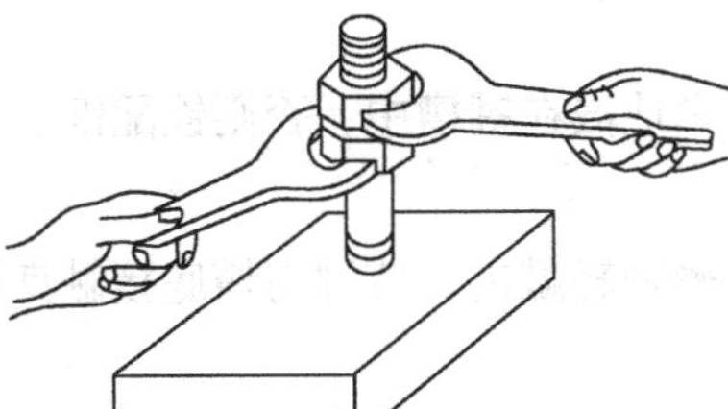

图 4-2　双头螺柱的拧紧方法

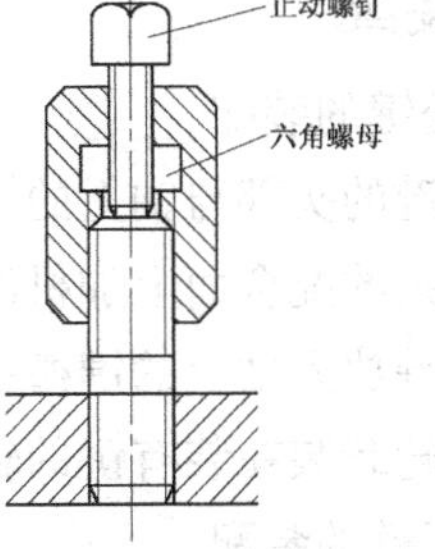

图 4-3　长螺母拧紧方法

（4）成组螺母或螺钉的拧紧方法（如图 4-4 所示）。

① 将各螺母或螺钉分别拧到贴近零件表面。

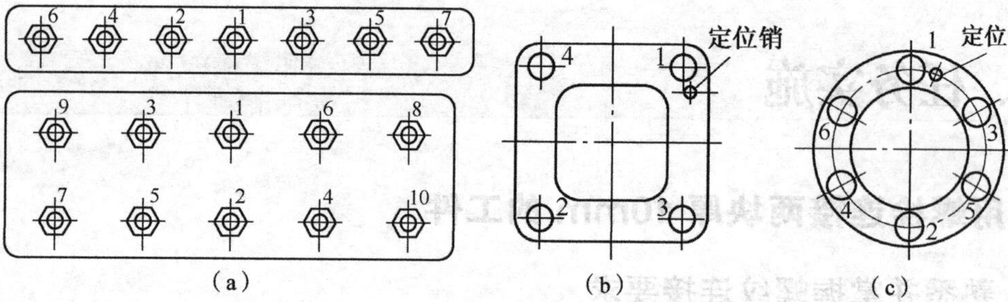

图 4-4　成组螺母或螺钉的拧紧方法

② 按如图所示顺序，先中间，后两边，对称交叉，分 2～3 次逐步拧紧至一定的预紧力。

4. 螺纹连接的装配结束后，要检查螺母都是否则拧紧

（二）螺纹连接的拆卸

用扳手或螺丝刀反向拧，即可将螺母或螺钉拆卸。

（三）用键连接工件

1. 弄清键连接装配技术要求

（1）保证键与键槽的配合符合要求。

（2）键与键槽都有较小的粗糙度。

（3）松键装入槽中后，一定要与槽底贴紧 ，长度方向上允许有 0.1mm 的间隙，键的顶面与轮毂键槽底部留有 0.3～0.5mm 的间隙。

（4）楔键的斜度一定要与配合键槽的斜度一致。

（5）楔键与键槽的两侧要留有一定的间隙。

（6）钩头楔键不能使钩头紧贴套件的端面，否则不易拆装。

2. 去除键和键槽上的毛刺

3. 对重要的键应检查侧面直线度、键槽对轴线的对称度和平行度的误差等

4. 装配

（1）松键的装配。

① 用键的头部与轴上的键槽试配，应使键紧紧地嵌在键槽中，否则锉配键。

② 在键的配合面上加机油。

③ 将键放入轴上的键槽中，必要时还可用铜棒轻轻敲击，使键与槽底接触良好。

④ 将轮毂装在装有键的轴部。

（2）紧键的装配。

① 将轮毂装到轴上。

② 将键打入，并固紧。

（3）花键的装配。

① 静连接花键的装配

a. 过盈量较小时，可用铜棒轻轻敲入，但不能太紧，否则会拉伤配合表面。

b. 过盈量较大时，可将套件在机油里加热至 80～120℃后，进行装配。

② 动连接花键的装配。

装配时，花键孔在花键轴上应滑动自如，没有阻滞现象，间隙要适当。

（四）键连接的拆卸

1. 普通平键的拆卸

可用平头冲子，顶在键的一端，用手锤适当敲打，另一端可用两侧面带有斜度的平头冲子按图中箭头所示部位挤压，如图 4-5 所示。

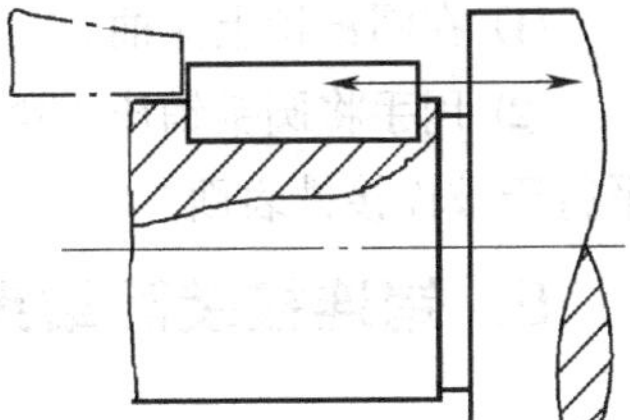

图 4-5 普通平键的拆卸方法

2. 空隙 c 较大钩头楔键的拆卸

用如图 4-6 所示工具取出钩头楔键。

3. 空隙 c 较小钩头楔键的拆卸

用一定斜度的平冲头在 c 处挤压，取出钩头楔键，如图 4-7 所示。

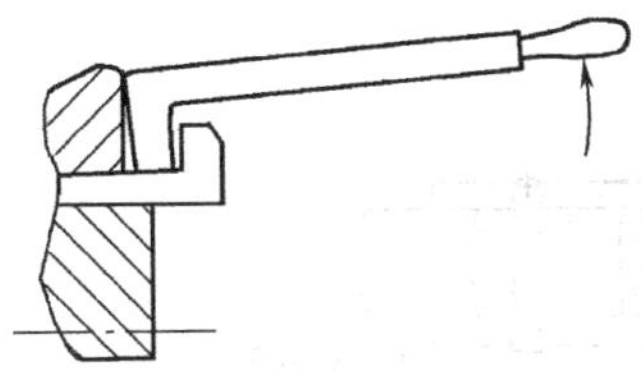

图 4-6 空隙 c 较大钩头楔键的拆卸

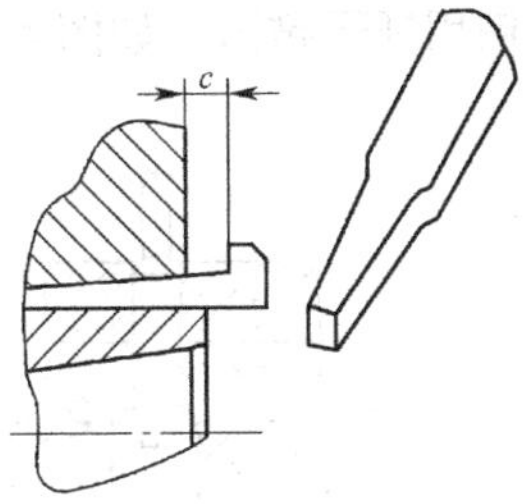

图 4-7 空隙 c 较小钩头楔键的拆卸

（五）用销连接工件

1. 掌握要求

（1）圆柱销与销孔的配合全靠少量的过盈量，所以一经拆卸必须更换。

（2）两销孔要同时铰制。

（3）销和销孔内不能有毛刺。

2. 去销和销孔内的毛刺

3. 检查销孔和销的配合情况

检查销孔和销的配合情况，圆锥销以能用手压入销孔的 80%为适，如图 4-8 所示。

4. 装配

（1）圆柱销的装配。

① 在圆柱销上涂油。

② 将圆柱销对准孔，用铜棒打入孔中。也可用 C 形夹头把销子压入孔内，如图 4-9 所示。

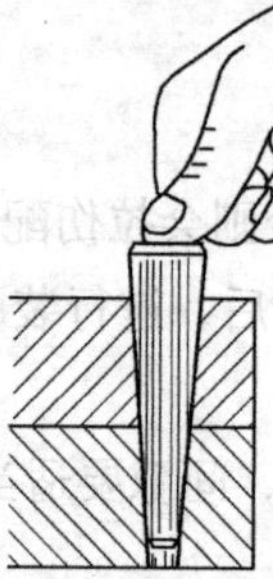

图 4-8 检查销孔和销的配合情况

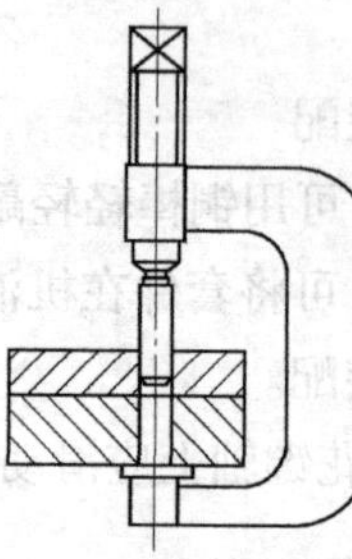

图 4-9 圆柱销的装配

（2）圆锥销的装配。

① 在圆锥销上涂油。

② 用手将圆锥销压入销孔的 80%，如图 4-8 所示。再用用铜棒打入，锥销的大端可露出或平行于被连接件表面。

5. 销连接装配结束后，要认真检查装配是否符合要求

（六）销连接的拆卸

1. 普通圆柱销和圆锥销的拆卸

（1）圆柱销用锤子敲出，如图 4-10 所示。

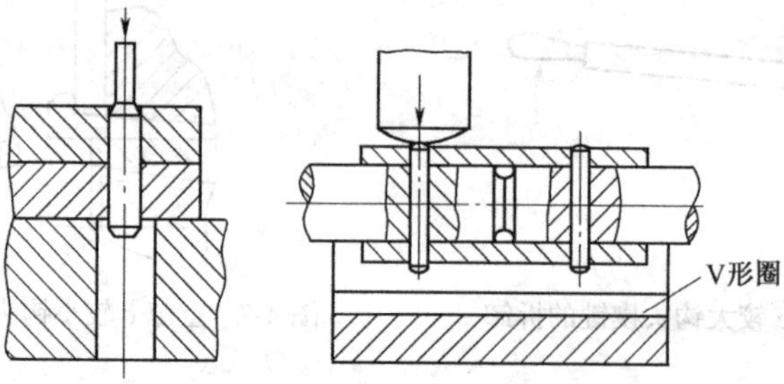

图 4-10 普通圆柱销和圆锥销的拆卸

（2）圆锥销从小端向外敲出。

2. 带内螺纹的圆锥销的拆卸

带内螺纹的圆锥销可用拔出器拔出，如图 4-11 所示。

3. 带螺尾的圆锥销的拆卸

带螺尾的圆锥销可用螺母将它旋出，如图 4-12 所示。

（七）工件铆接

1. 用半圆头铆钉铆接工件

（1）确定铆钉直径

铆接时铆钉直径一般取被连接件的厚度的 1.8 倍，见表 4-8。

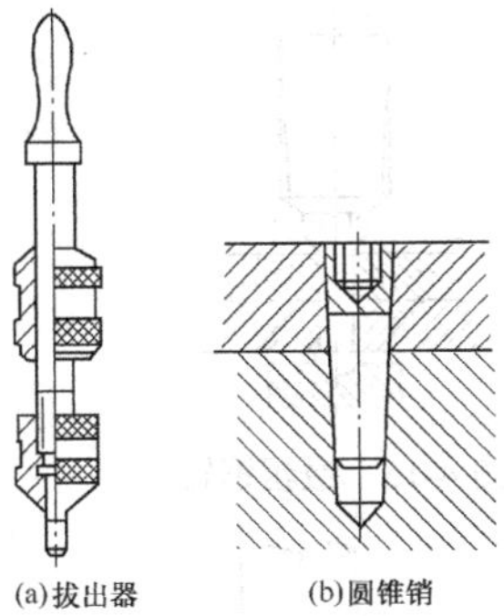

图 4-11　带内螺纹的圆锥销的拆卸

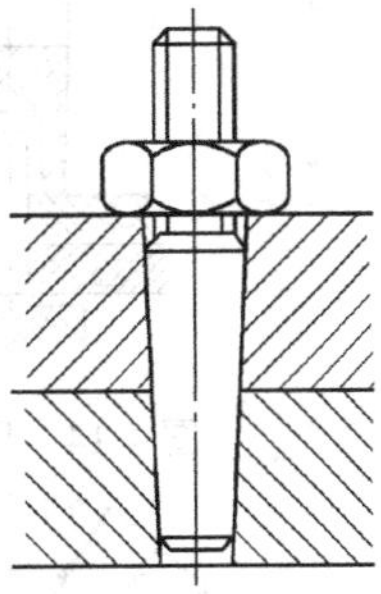
图 4-12　带螺尾的圆锥销的拆卸

表 4-8　　铆钉直径的选择

板厚 δ/mm	5～6	7～9	14～18	19～24
铆钉直径 d/mm	10～12	14～25	20～22	27～30

（2）确定铆钉长度：如图 4-13 所示。

① 半圆头铆钉杆长度 L：$L=\sum\delta+(1.25\sim1.5)d$

② 沉头铆钉杆长度 L：$L=\sum\delta+(0.8\sim1.2)d$

式中 $\sum\delta$ 为铆接件的总厚度，d 为铆钉直径。

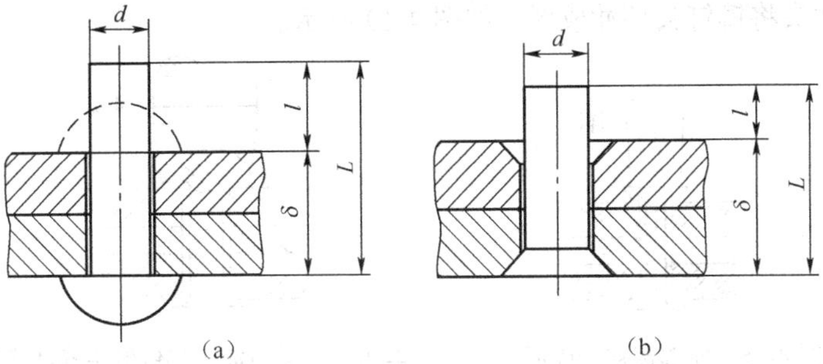

图 4-13　铆钉长度的确定方法

（3）根据负载大小选择铆钉的形式。

（4）将要铆接的板料表面清理干净后，用 C 形夹等工具夹持固定。

（5）划好线，打好样冲，进行钻孔，方法见钻孔实训部分。

（6）把选好的铆钉装入铆钉孔中。

（7）压紧板料（如图 4-14 所示）。

① 将顶模置于垂直而稳定的位置。

② 将铆钉半圆头与顶模凹圆相接触。

③ 用压紧冲头压紧板料。

（8）用手锤锤打铆钉的伸出部分，使其镦粗，如图 4-15 所示。

（9）用手锤适当斜着均匀锤打铆钉周边，初步锤打成形，如图 4-16 所示。

（10）用适当的罩模铆打成形，不时地转动罩模，垂直锤打，如图 4-17 所示。

（11）铆接完成后卸下工件，将各种工具量具收好。

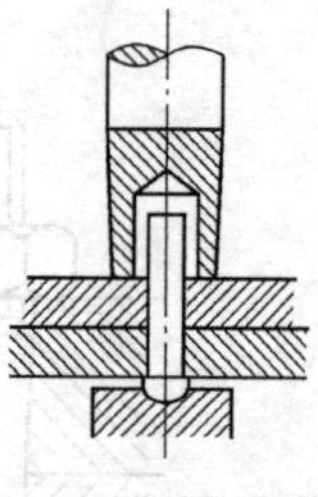

图 4-14　压紧板料

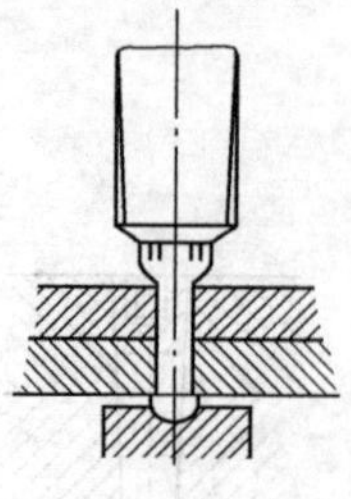

图 4-15　镦粗铆钉

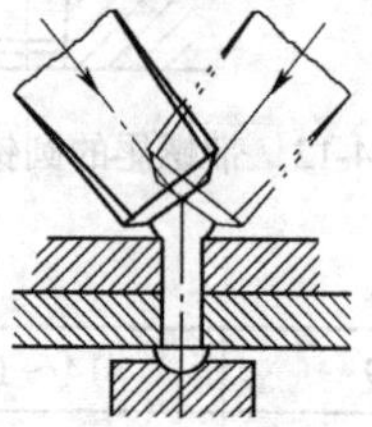

图 4-16　初步成形

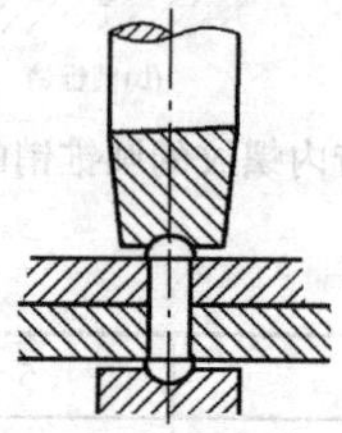

图 4-17　用适当的罩模铆打成形

2. 用空心铆钉铆接工件

（1）把选好的铆钉装入铆钉孔中，有头的那一端向下，垫好。

（2）将样冲对准铆钉，用手锤打击样冲，使铆钉上端撑开与铆接件相接触，使铆接初步成形，如图 4-18 所示。

（3）用圆凸冲头将铆钉头部冲成形，如图 4-19 所示。

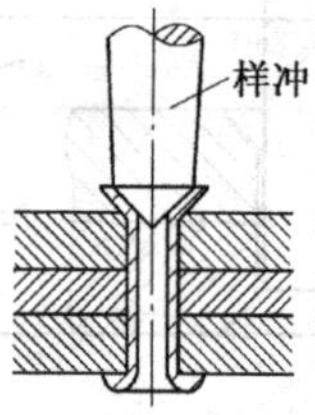

图 4-18　使铆接初步成形

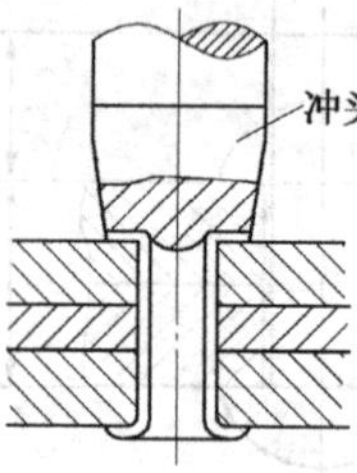

图 4-19　用圆凸冲头将铆钉头部冲成形

（4）铆接完成后卸下工件，将各种工具量具收好。

3. 用沉头铆钉铆接工件

（1）把选好的铆钉装入铆钉孔中。

（2）在被铆接件下支承好淬火平铁后，在正中镦粗面 1、2，如图 4-20 所示。

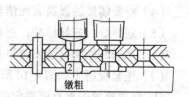

图 4-20　用沉头铆钉铆接工件

（3）铆合面 1，如图 4-20 所示。

（4）铆合面 2，如图 4-20 所示。

（5）用平头冲子修整成形。

（6）完成后卸下工件，将各种工具量具收好。

（八）铆钉拆卸

1. 半圆头铆钉的拆卸

（1）将铆钉头的顶部略微敲平或锉平。

（2）用样冲冲出中心眼，钻孔深度为铆合头高度，如图 4-21 所示。

（3）用一铁棒插入孔中，将铆钉头折断，如图 4-22 所示。

（4）用冲头将铆钉冲出，如图 4-23 所示。

（5）铆接完成后卸下工件，将各种工具量具收好。

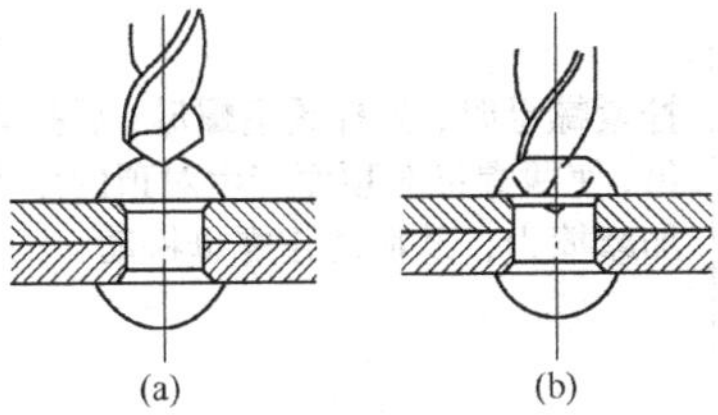

图 4-21　用样冲在铆钉上冲出中心眼

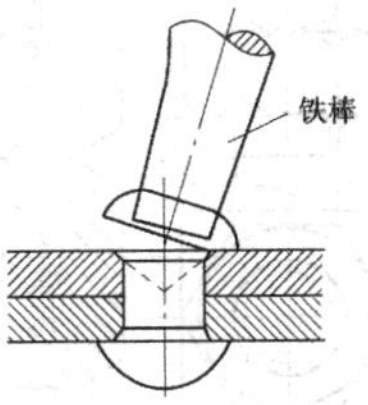

图 4-22　将铆钉头折断

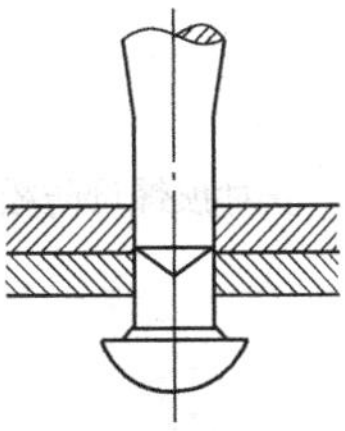

图 4-23　用冲头将铆钉冲出

2. 半圆头铆钉的拆卸

（1）先用样冲冲出中心眼，再用比铆钉杆直径小 1mm 的钻头钻孔，其深度略超过铆钉头高度，如图 4-24 所示。

（2）用小于孔的冲头将铆钉冲出，如图 4-25 所示。

（3）铆钉的拆卸完成后卸下工件，将各种工具、量具收好。

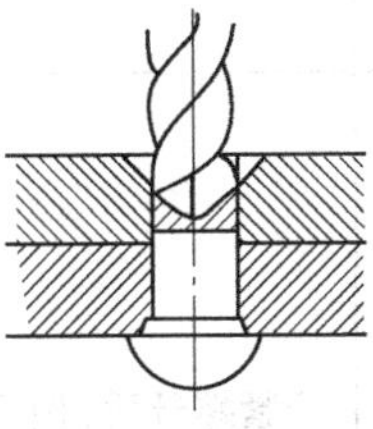

图 4-24　将铆钉头折断

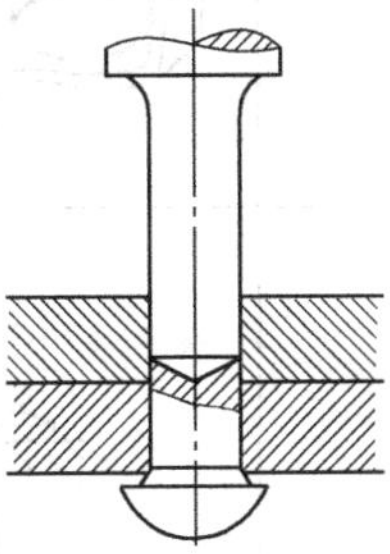

图 4-25　用冲头将铆钉冲出

四、拓展知识

（一）螺纹连接的防松方法（见表 4-9）

表 4-9　　螺纹连接的防松方法

序号	螺纹连接的防松方法	图示	说明
1	弹簧垫圈防松法	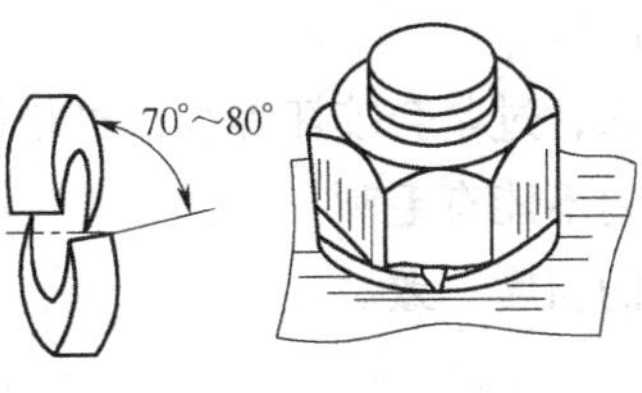	拧紧螺母后，垫圈的弹性反力，使螺母与螺栓之间产生一定的附加摩擦力，从而防止螺母松动

续表

序号	螺纹连接的防松方法	图示	说明
2	对顶螺母防松	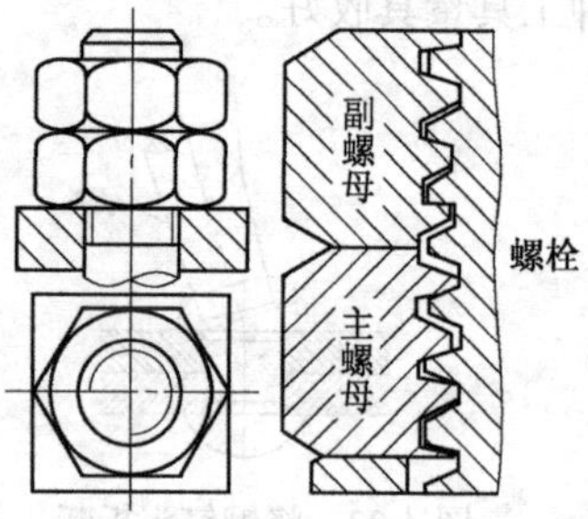	拧紧螺母时，先拧紧主螺母，后拧紧副螺母，使两螺母对顶而产生对顶的压力和附加摩擦力，从而防止螺母松动
3	带耳止动垫圈防松	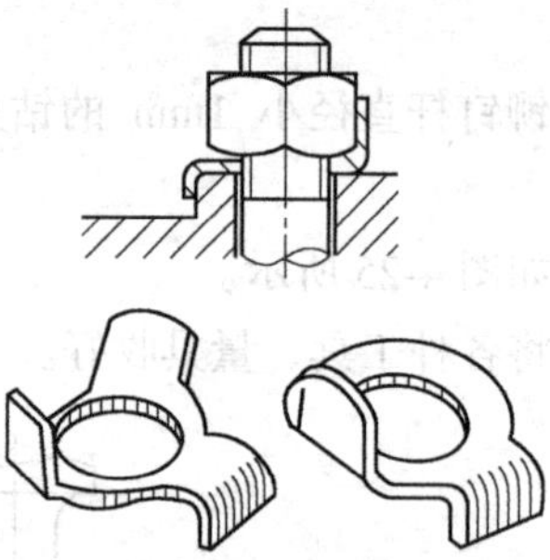	先将垫圈一耳边向下弯折，使之与被连接件的一边紧贴，当拧紧螺母后，再将垫圈的另一耳边向上弯折与螺母的边缘紧贴面，从而防止螺母松动
4	开口销与带槽螺母防松	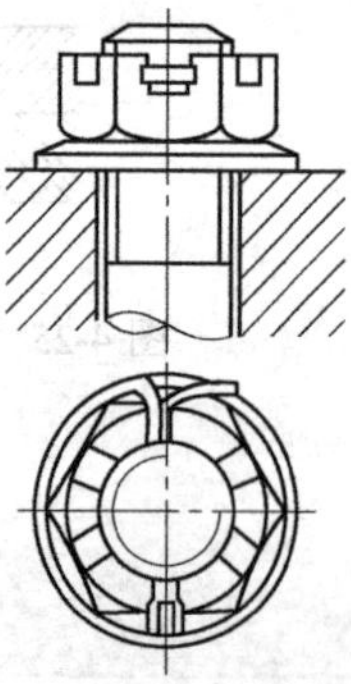	拧紧螺母后，用开口销穿过螺栓尾部的径向小孔和螺母的槽，使螺母和螺栓不能相对转动，从而防止螺母松动

（二）连接件的装配和拆卸时应注意的事项

① 螺母端面应与螺纹轴线垂直，以保证受力均匀。

② 对于在变载荷和振动载荷下工作的螺纹连接，必须采用防松保险装置。

③ 装配成组螺钉、螺母时，为保证零件贴合面受力均匀，应按一定要求旋紧，并且不要一次完全旋紧，应按次序分两次或三次旋紧。

④ 螺纹配合应做到用手能自由旋入，过紧会咬坏螺纹，过松则受力后螺纹会断裂。

⑤ 两销孔要同时铰制，销和销孔内不能有毛刺。

⑥ 楔键的斜度一定要与配合键槽的斜度一致。

（三）铆接时的常见问题和防止方法（见表 4-10）

表 4-10　　铆接时的常见问题和防止方法

序号	常见问题	产生原因	防止方法
1	铆合头偏歪	（1）铆钉太长。 （2）铆钉歪斜，铆钉孔未对准。 （3）镦粗铆合头时不垂直造成铆钉歪斜	（1）选择长度合适的铆钉。 （2）铆钉孔要对准。 （3）镦粗铆合头时要垂直
2	铆合头不完整	铆钉太短	选择长度合适的铆钉
3	铆钉头不成半圆形	（1）开始铆接时钉杆弯曲。 （2）铆钉杆未镦粗	（1）开始铆接时钉杆未垂直。 （2）镦粗铆钉杆
4	工件之间有间隙	（1）工件联接面不平整。 （2）压紧冲头未将板料压紧	（1）工件联接面要平整。 （2）压紧冲头要将板料压紧

任务二　轴承的装配和拆卸

一、任务导入

按要求装配和拆卸轴承。

二、相关知识

（一）滚动轴承的结构（见表 4-11）

表 4-11　　滚动轴承的结构

序号	结构	图示	说明
1	内圈	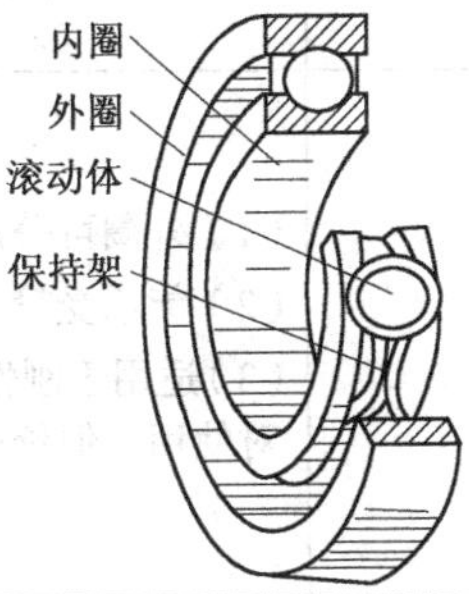	装在轴颈上，并与轴一起转动
2	外圈		（1）外圈装在机座或零件的滚动轴承孔内。 （2）多数情况下外圈不转动，当内外圈之间相对旋转时，滚动体沿着滚道滚动

续表

序号	结构	图示	说明
3	滚动体	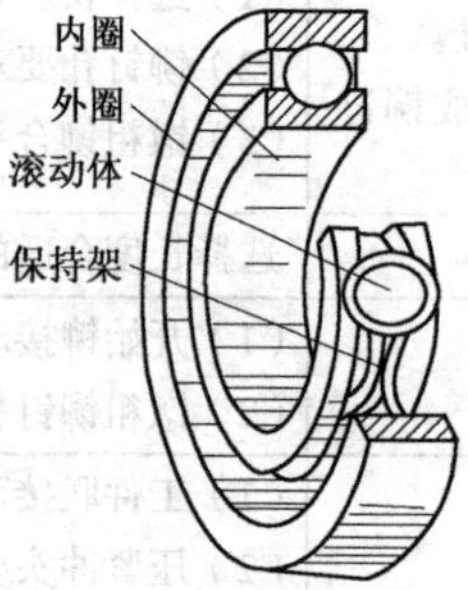	(1) 滚动体是滚动轴承的核心零件，根据工作需要做成不同的形状。 (2) 滚动轴承的内外圈和滚动体应具有较高的硬度和接触疲劳强度、良好的耐磨性和冲击韧性。 (3) 一般用特殊滚动轴承钢制造，常用材料有 GCr15、GCr15SiMn、GCr6、GCr9 等，经热处理后硬度可达 60～65HRC。滚动轴承的工作表面必须经磨削抛光，以提高其接触强度
4	保持架		(1) 使滚动体均匀分布在滚道上，并减少滚动体之间的碰撞和磨损。 (2) 保持架应具有良好的减摩性，多用低碳钢板通过冲压成形方法制造，也可以采用有色金属或塑料等材料

(二) 滚动轴承的类型 (见表 4-12)

表 4-12　　　　滚动轴承的类型

序号	类型	图示	说明
1	调心球轴承	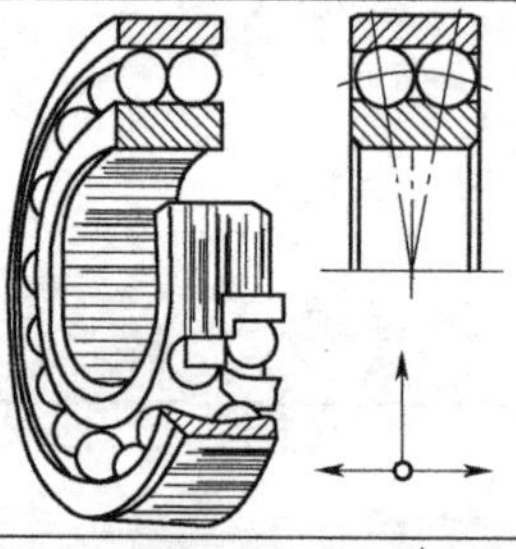	(1) 滚动体为双列球，外圈滚道是以滚动轴承中心为中心的球面，故能自动调心。 (2) 主要承受径向载荷，也可承受少量的轴向载荷。 (3) 适用于多支点和弯曲刚度不足的轴及难以对中的轴的支承
2	调心滚子轴承	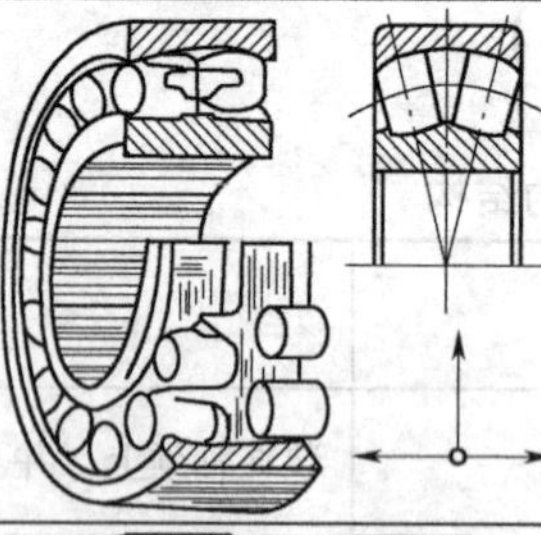	(1) 滚动体为双列鼓形滚子，外圈滚道是以滚动轴承中心为中心的面，故能自动调心。 (2) 主要承受径向载荷，也可承受少量的轴向载荷。 (3) 适用于重载且需要调心的场合
3	圆锥滚子轴承	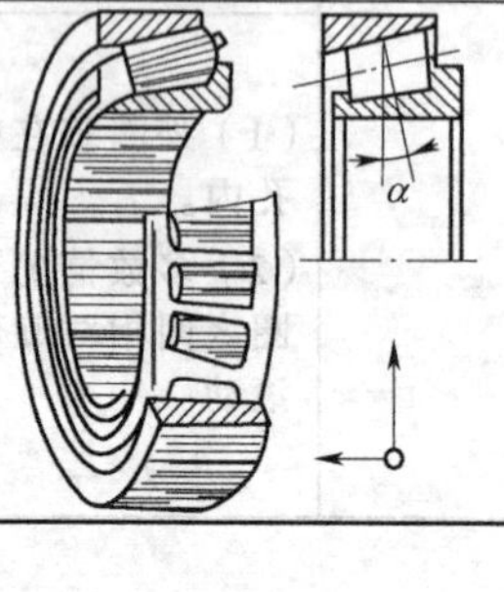	(1) 外圈可分离，游隙可调，拆装方便。 (2) 能承受较大径向载荷和轴向载荷。 (3) 适用于刚性较大的轴的支承，一般成对使用，但价格较高

续表

序号	类型	图示	说明
4	推力球轴承	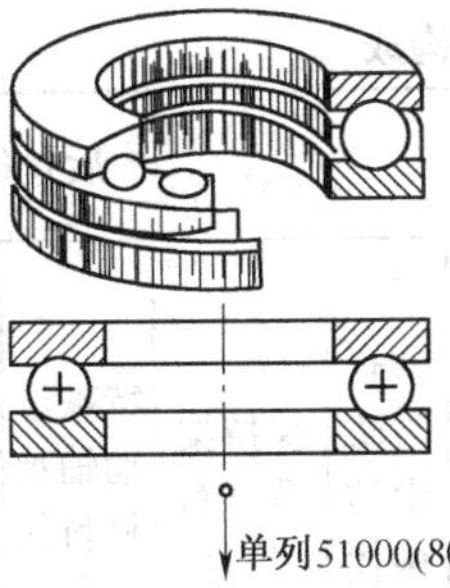 单列51000(8000)	(1) 轴圈、座圈和滚动体可分离，拆装方便。 (2) 只能承受轴向载荷。 (3)适用于轴向力大，但转速不高的场合
5	滚针轴承	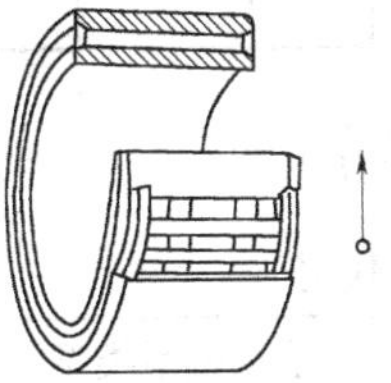	(1) 与其滚动轴承相比，其内径最小。 (2) 适用于径向尺寸受到限制的场合
6	深沟球轴承	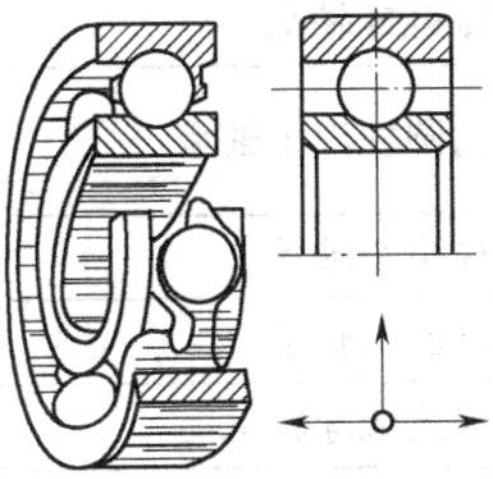	(1)主要承受径向载荷，也可承受一定的双向轴向载荷。 (2)适用于转速较高、轴向载荷不大，而不宜用推力滚动轴承的场合
7	角接触轴承	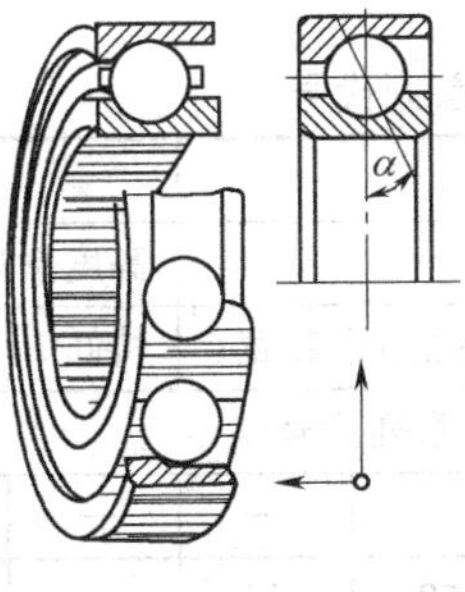	(1)能承受较大径向载荷和轴向载荷，也能承受单向轴向载荷。 (2)α越大，承受轴向载荷的能力就越大。 (3)一般成对使用，可分别装在两个支点或同一支承上
8	圆柱滚子轴承	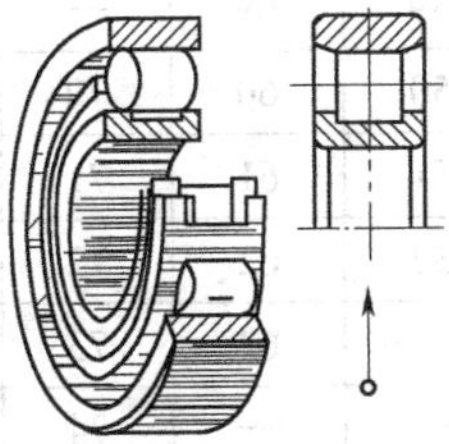	(1)滚动体圆柱滚子，径向载荷能力约为相同径向深沟球滚动轴承的 1.5～3 倍，但不能承受轴向载荷，耐冲击。 (2) 内外圈可分离

（三）滚动轴承的代号意义

1. 滚动轴承代号的构成（见表 4-13）

表 4-13　　滚动轴承代号的构成

前置代号	基本代号					后置代号							
	第五位	第四位	第三位	第二位	第一位								
		尺寸系列代号											
滚动轴承部件代号	类型代号	宽（高）度系列代号	直径系列代号	内径代号		内部结构代号	密封与防尘结构代号	保持架及材料代号	特殊滚动轴承材料代号	公差等级代号	游隙代号	多滚动轴承配置代号	其他代号

2. 滚动轴承的类型代号（见表 4-14）

表 4-14　　滚动轴承的类型代号

滚动轴承类型	代号	原代号	滚动轴承类型	代号	原代号
双列角接触轴承	0	6	深沟球轴承	6	0
调心球轴承	1	1	角接触球轴承	7	6
调心滚子滚动轴承和推力调心轴承	2	3 或 9	推力圆柱滚子轴承	8	9
圆锥滚子轴承	3		圆柱滚子轴承	N	2
双列深沟球轴承	4	0	外球面球轴承	U	0
推力球轴承	5	8	四点接触球轴承	QJ	6

3. 滚动轴承的尺寸系列代号（见表 4-15）

表 4-15　　滚动轴承的尺寸系列代号

直径系列代号	向心滚动轴承							推力滚动轴承			
	宽度系列代号							高度系列代号			
	窄 0	正常 1	宽 2	特宽 3	特宽 4	特宽 5	特宽 6	特低 7	低 9	正常 1	正常 2
	尺寸系列代号										
超特轻 7	—	17	—	37	—	—	—	—	—	—	—
超轻 8	08	18	28	38	48	58	68	—	—	—	—
超轻 9	09	19	29	39	49	59	69	—	—	—	—
特轻 0	00	10	20	30	40	50	60	70	90	10	—
特轻 1	01	11	21	31	41	51	61	71	91	11	—
轻 2	02	12	22	32	42	52	62	72	92	12	22
中 3	03	13	23	33	—	—	63	73	93	13	23
重 4	04	—	24	—	—	—	—	74	94	15	24
特重 5	—	—	—	—	—	—	—	—	95	—	—

4. 滚动轴承内径代号

内径代号由数字组成。当滚动轴承的内径在 20～480mm 范围内（22、28、32mm 除外），用内径的毫米数除以 5 的商数表示；内径为 10、12、15、17mm 的滚动轴承内径代号分别为 00，01，02，03； 内径为 22、28、32mm 和尺寸等于或大于 500mm 的滚动轴承，其内径代号直接用公称内径毫米数表示，但在与尺寸系列代号间用“/”分开；内径小于 10mm 的滚动轴承的内径代号可查阅 GB/T 272-93。

5. 滚动轴承的前置、后置代号（见表 4-16）

表 4-16　滚动轴承前置、后置代号

前置代号			基本代号	后置代号（组）							
代号	含义	示例		1	2	3	4	5	6	7	8
F	凸缘外圆的向心球轴承（适用于 d≤mm）	F618/4		内部结构	密封与防尘套圈变型	保持架及材料	滚动轴承材料	公差等级	游隙	配置	其他
L	可分离滚动轴承的可分离内圈或外圈	LNU207									
R	不带可分离内圈或外圈的滚动轴承	RNU207									
WS	推力圆柱滚子轴承轴圈	WS81107									
GS	推力圆柱滚子轴承座圈	GS81107									
KOW	无轴圈推力轴承	KOW-51108									
KIW	无座圈推力轴承	KIW-51108									
K	滚子和保持架组件	K81107									

6. 滚动轴承的内部结构代号及含义（见表 4-17）

表 4-17　滚动轴承的内部结构代号及含义

代号	示例	含义
C	角接触球轴承 7207C	公称接触角 α=15°
	调心滚子轴承 23122C	C 型
AC	角接触球轴承 7210AC	公称接触角 α=25°
B	角接触球轴承 7208B	公称接触角 α=40°
	圆锥滚子轴承 32310B	公称接触角加大
E	圆柱滚子轴承 NU207E	加强型

7. 滚动轴承公差等级代号及含义（见表 4-18）

表 4-18　滚动轴承公差等级代号及含义

代号	省略	/P6	/P6x	/P5	/P4	/P2
公差等级符合标准规定	0 级	6 级	6x 级	5 级	4 级	2 级
示例	6203	6203/P6	6203/P6x	6203/P5	6203/P4	6203/P2

8. 滚动轴承游隙组别代号及含义（见表 4-19）

表 4-19　　滚动轴承游隙组别代号及含义

代号	/C1	/C2	—	/C3	/C4	/C5
游隙符合标准规定	1 组	2 组	0 组	3 组	4 组	5 组
示例	NN3006/C1	6210/C2	6210	6210/C3	NN3006K/C4	NNU4920K/C5

9. 滚动轴承配置安装代号及含义（见表 4-20）

表 4-20　　滚动轴承配置安装代号及含义

代号	含义	示例
/DB	成对背对背安装	7210/DB
/DF	成对面对面安装	32208/DF
/DT	成对串联安装	7210C/DT

10. 滚动轴承代号举例

（1）61710/P6。

6——深沟球滚动轴承。

1——宽度系列为正常。

7——直径系列不超特轻。

10——内径为 50mm。

P6——公差等级为 6 级。

（2）7208B。

7——角接触球轴承。

2——为 02 缩写，表示宽度系列为窄系列，直径系列，直径系列为轻。

08——内径为 40mm；B 公称接触角为 40°。

公差级未注，表示为 0 级。

（四）滑动轴承的结构和类型（见表 4-21）

表 4-21　　滑动轴承的结构和类型

序号	类型	图示	说明
1	向心滑动轴承	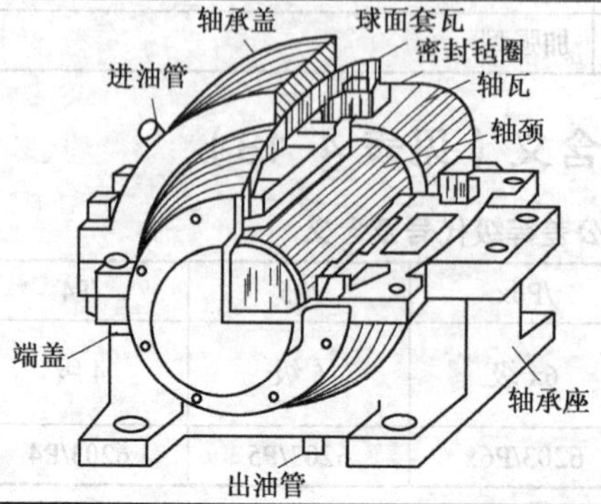	（1）整体式向心滑动轴承 ① 它由轴承座、轴瓦（套）、润滑装置和密封装置等部分组成。轴承座用螺栓与机座联接，顶部装有润滑油杯，内孔中压入带有油沟的轴套。 ② 多用于间歇工作、低速轻载的简单机械中，如铰车、手动起重机械等。

续表

<table>
<tr><th>序号</th><th>类型</th><th>图示</th><th>说明</th></tr>
<tr><td>1</td><td>向心滑动轴承</td><td>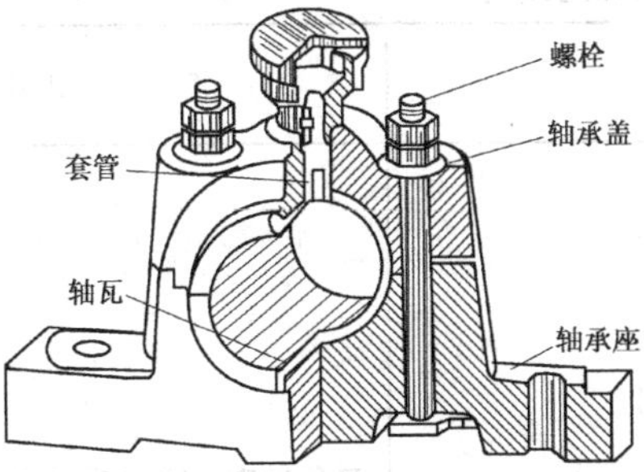</td><td>（2）剖分式向心滑动轴承
① 轴瓦和轴承座均为剖分式结构，在轴承盖与轴承座的剖分面上制有阶梯形定位止口。轴瓦直接支承轴颈，因而轴承盖应适度压紧轴瓦，以使轴瓦不能在轴承孔中转动。轴承盖上制有螺纹孔，以便安装油杯或油管。
② 广泛在汽车、机车车辆等上，并且已经标准化</td></tr>
<tr><td rowspan="2">2</td><td rowspan="2">推力滑动轴承</td><td>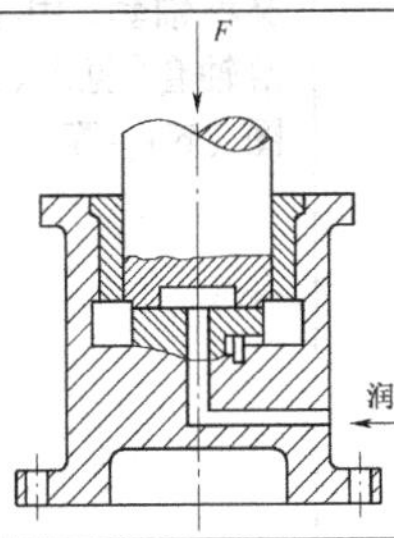</td><td>（1）立式推力滑动轴承
其轴线与安装面垂直</td></tr>
<tr><td>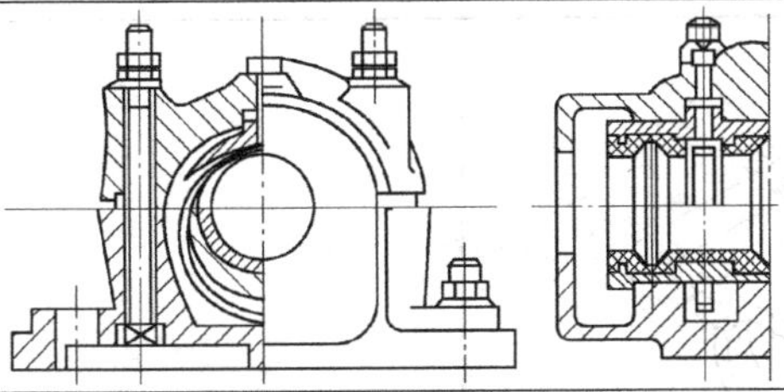</td><td>（2）卧式推力滑动轴承
其轴线与安装面平行</td></tr>
<tr><td rowspan="3">3</td><td rowspan="3">可调间隙式滑动轴承</td><td>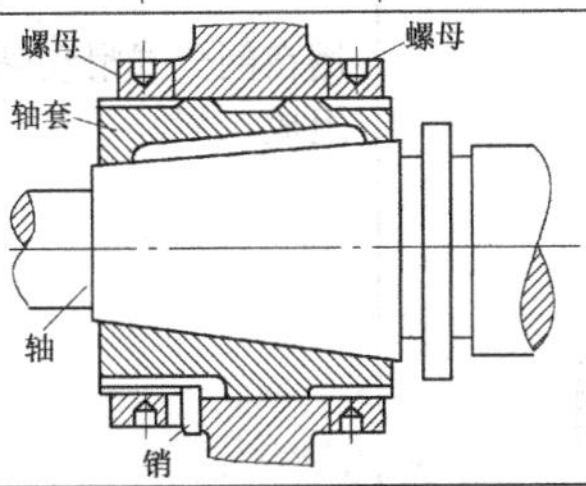</td><td>（1）内锥式可调间隙式滑动轴承
其内套上两端螺母一松一紧时，轴套可移动，从而调整间隙</td></tr>
<tr><td>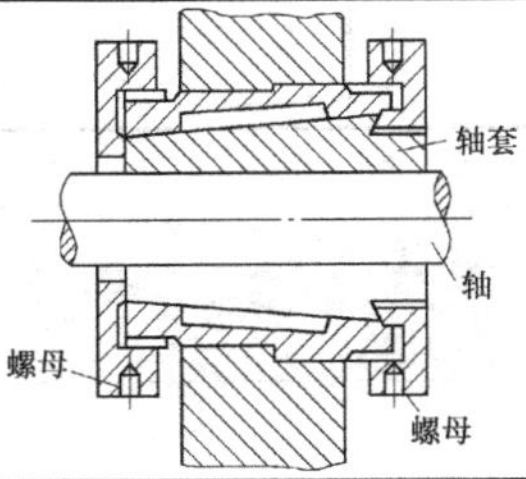</td><td>（2）外锥式可调间隙式滑动轴承
其外表面上开有纵向通槽，所以轴套具有弹性。当调节螺母使轴套轴向移动时，依靠轴套的弹性变形来调节轴承间隙</td></tr>
<tr><td>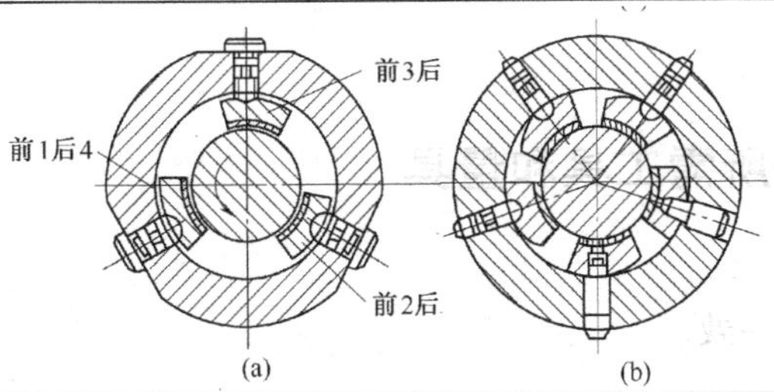</td><td>（3）多瓦自动调位滑动轴承
有三瓦式和五瓦式两种</td></tr>
</table>

（五）轴瓦的结构（见表 4-22）

表 4-22　　轴瓦的结构

序号	项目	图示	说明
1	整体式轴瓦	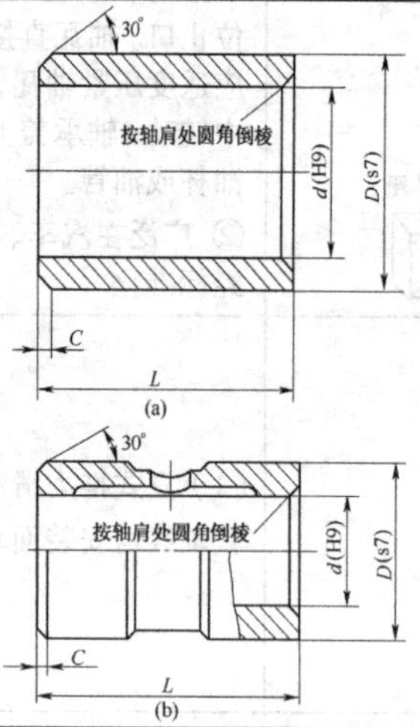	又称轴套，用在整体式滑动轴承中，有光滑轴套［见图（a）］和带纵向油槽轴套［见图（b）］等
2	剖分式轴瓦	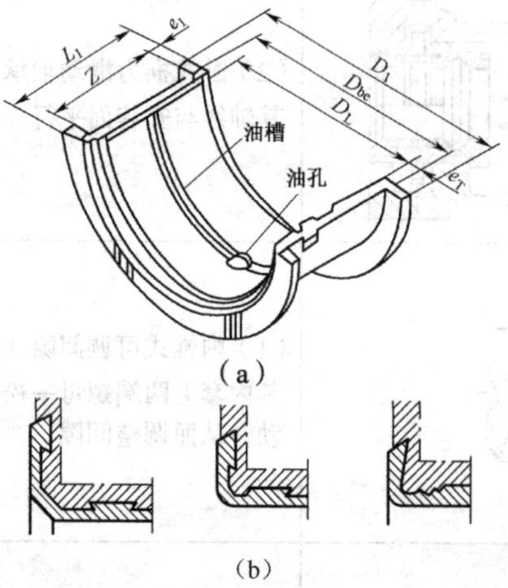	用在剖分式滑动轴承中，由上、下两半瓦组成

三、任务实施

（一）按要求装配滚动轴承

1. 按所装的轴承，准备好所需工具和量具

2. 检查轴承

（1）检查轴承型号是否与图样要求一致。

（2）检查与轴承相配的零件，如轴、外壳、端盖等表面是否有缺陷、毛刺、锈蚀等。

3. 清理零件

（1）用汽油或煤油清洗与轴承配合的零件，并用干净的布擦净，然后涂上一层薄油。

（2）把轴承清洗干净。

4. 装配

（1）常温冷压法圆柱孔滚动轴承的装配。

① 用一般工具安装轴承（如图 4-26 所示）。

a. 将轴承用手对准轴，用紫铜棒轻轻敲击，使轴承进入。

b. 在轴承端面上垫上铜或软钢的制成的装配套筒。

c. 用锤子敲击套筒，把滚动轴承安装到位。

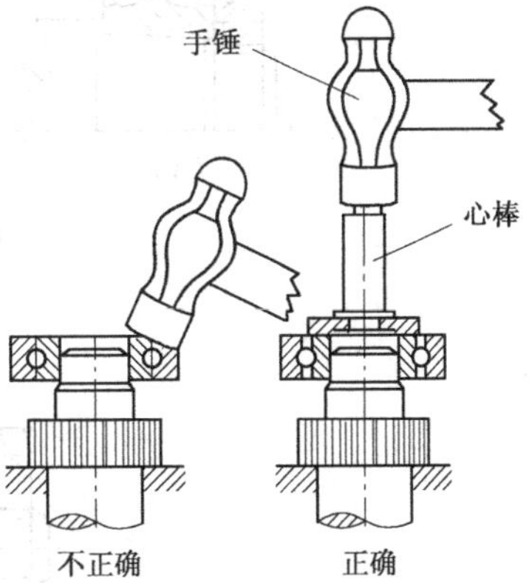

图 4-26 用一般工具常温冷压法圆柱孔滚动轴承的装配方法

② 用专用工具安装滚动轴承。

a. 当内圈与轴为紧配合，外圈与壳体为松配合时［如图 4-27（a）和（b）所示］

安装时，先将轴承套在轴上，接着在轴承端面上垫上铜或软钢制成的装配套筒，然后用压力机加压，把滚动轴承安装到位，最后把轴承和轴一起装入壳体中。

b. 当内圈与轴为松配合，外圈与壳体为紧配合时［如图 4-27（c）所示］，安装时，应先将轴承压入壳体中。

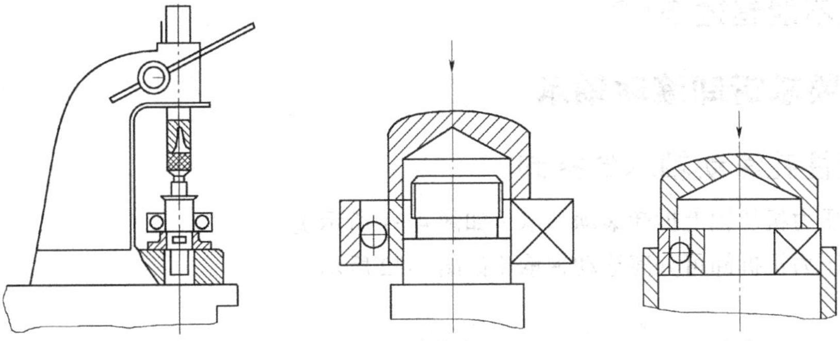

图 4-27 用专用工具安装滚动轴承的方法

c. 当内圈与轴、外圈与壳体均为紧配合时（如图 4-28 所示），安装时，装配套筒的端面应做成能同时压紧轴承内外圈端面的圆环，加压时，压力能同时会到内外圈上，把轴承压入轴上和壳体中。

d. 圆锥滚子轴承的安装：因其内外圈可分离，可分别把内圈装在轴上，外圈装在壳体中，然后再调整游隙。

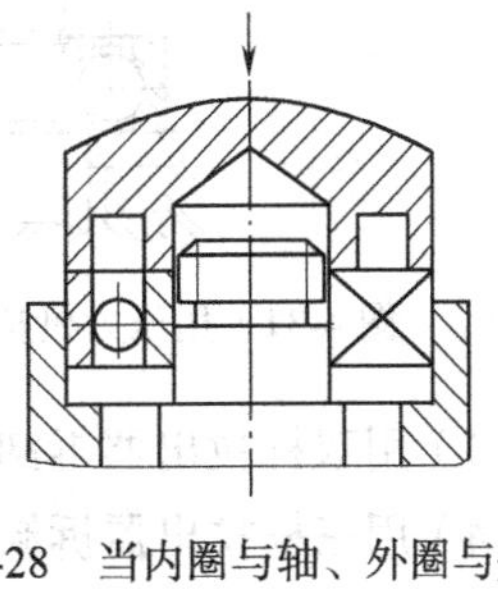

图 4-28 当内圈与轴、外圈与壳体均为紧配合时，动轴承装配方法

（2）圆锥孔滚动轴承的装配（如图 4-29 所示）。

直接安装在带锥度的主轴上或安装在紧定套和退卸套的锥面上，其配合过盈量轴承内圈沿轴颈锥面的轴向移动量。

（3）推力球轴承的装配（如图 4-30 所示）。

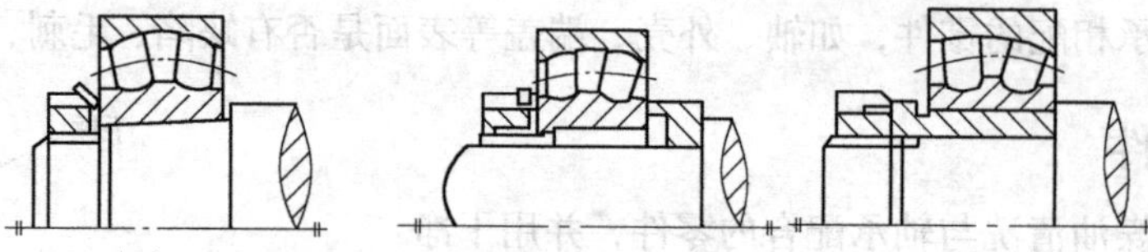

图 4-29　圆锥孔滚动轴承的装配方法

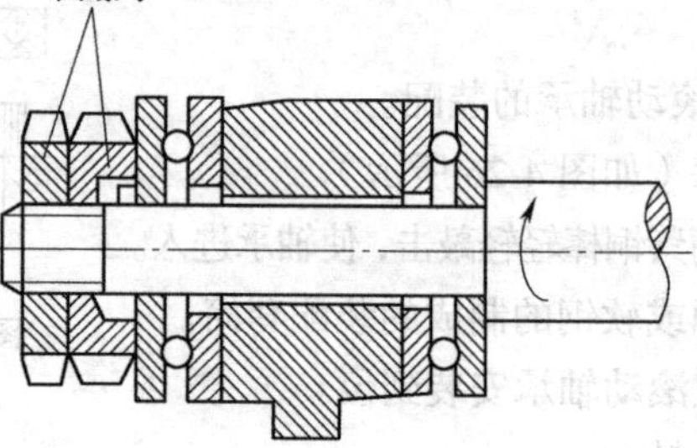

图 4-30　圆锥孔滚动轴承的装配方法

装配时，要注意区分紧环和松环。松环的内孔比紧环的内孔大，所以紧环应靠在与轴相对静止的面上，左端的紧环靠在轴肩端面上。否则滚动体会丧失作用，同时加速配合零件间的磨损。

5. 滚动轴承的装配结束后，应检查轴承是否灵活，无异常噪声，并工作温度不能超过 50℃

（二）按要求拆卸滚动轴承

1. 圆柱孔滚动轴承的拆卸

（1）用压力机从轴上拆卸滚动轴承（如图 4-31 所示）。

（2）用压力机拆卸可分离滚动轴承（如图 4-32 所示）。

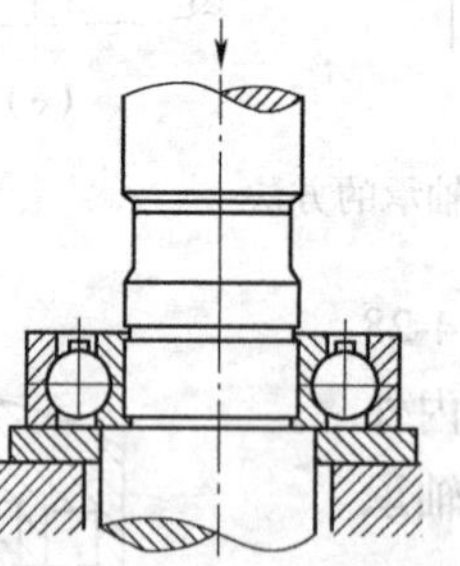

图 4-31　用压力机从轴上拆卸滚动轴承

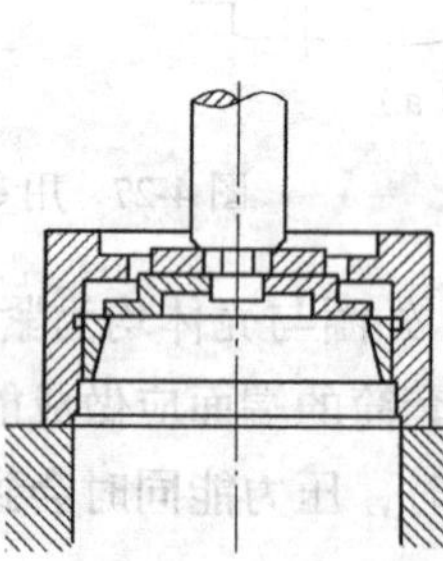

图 4-32　用压力机拆卸可分离滚动轴承

（3）用双杆拉出器拆卸滚动轴承（见图 4-33）。

（4）用三杆拉出器拆卸滚动轴承（见图 4-34）。

2. 圆锥孔滚动轴承的拆卸

（1）装退卸套上滚动轴承的拆卸（见图 4-35）。

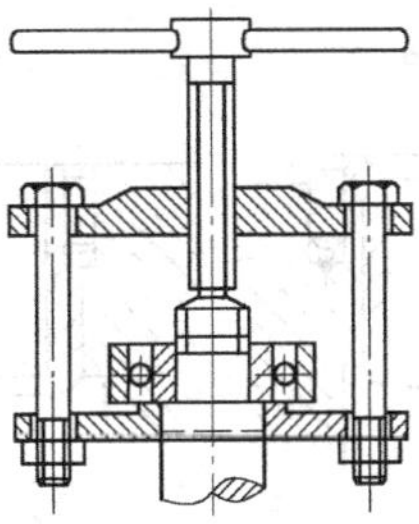

图 4-33　用双杆拉出器拆卸滚动轴承

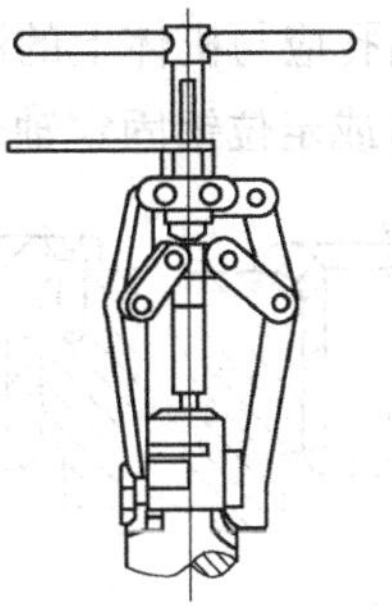

图 4-34　用三杆拉出器拆卸滚动轴承

① 松开锁紧螺母。

② 用退卸螺母将退卸套从滚动轴承套圈中拆出。

（2）带定位套滚动轴承的拆卸（如图 4-36 所示）。

① 松开锁紧螺母。

② 用软金属棒和手锤向锁紧螺母方向将轴承敲出。

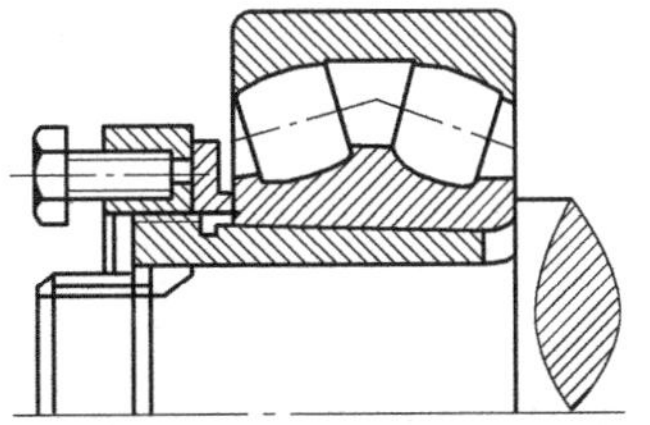

图 4-35　装退卸套上滚动轴承的拆卸

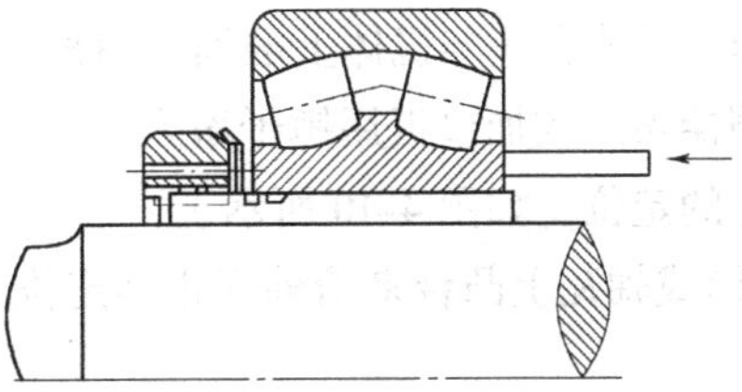

图 4-36　带定位套滚动轴承的拆卸

（三）按要求装配滑动轴承

1. 备好所需工具和量具

2. 检查零件

（1）检查轴承型号是否与图样要求一致。

（2）检查与轴承相配的零件，如轴、外壳、端盖等表面是否有缺陷、毛刺、锈蚀等。

3. 清理零件

（1）用汽油或煤油清洗与轴承配合的零件，并用干净的布擦净，然后涂上一层薄油。

（2）把轴承清洗干净。

4. 装配

（1）整体式滑动轴承的装配

① 轴套的压入（如图 4-37 所示）。

a. 当尺寸和过盈量也较小时，可用铜棒敲入或加垫板用锤子敲入。

b. 当尺寸和过盈量都较大时，应用压力机或用拉紧夹具压入。

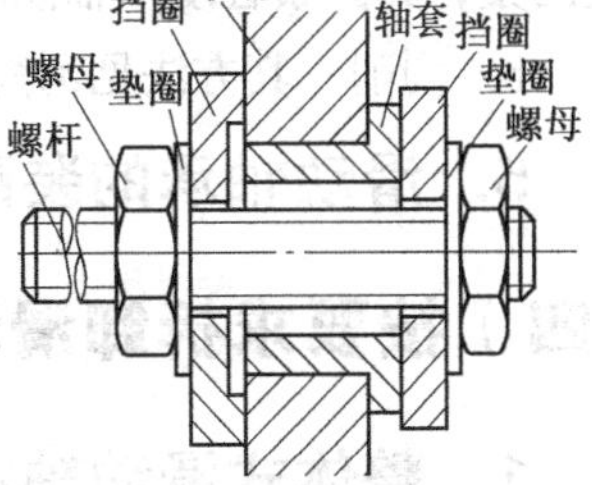

图 4-37　轴套的压入方法

c. 轴套上的油孔应与机体上的油孔对准。

② 用紧定螺钉或定位销固定轴套（如图 4-38 所示）。

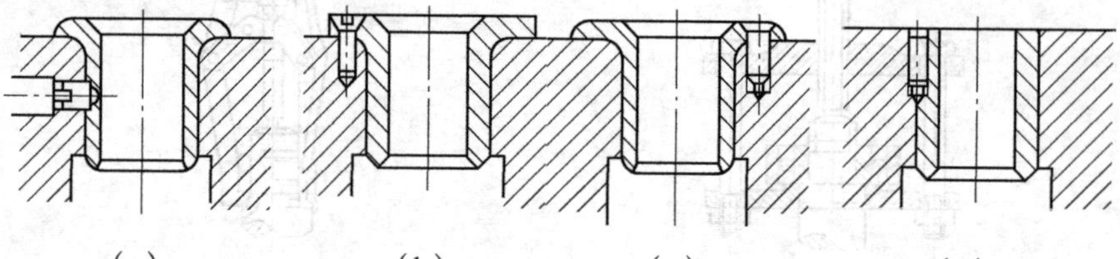

图 4-38　用紧定螺钉或定位销固定轴套

③ 轴套的修整

在压装后，要检查轴套内孔，若内孔缩小或变形，可用铰削或刮削等方法，对轴套进行修整。

（2）剖分式滑动轴承的装配

① 轴瓦的压入（如图 4-39 所示）。

a. 轴套上的油孔应与机体上的油孔对准。

b. 用铜棒敲入或加垫板用锤子敲入。

② 轴瓦的定位（如图 4-40 所示）。

用定位销或轴瓦上凸台来给轴瓦止动定位。

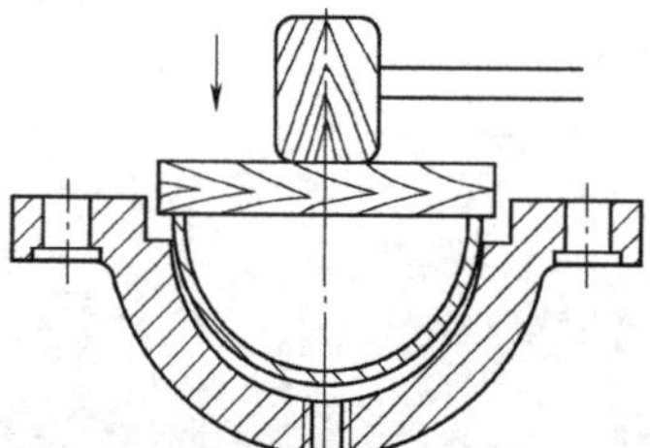

图 4-39　轴瓦的压入方法

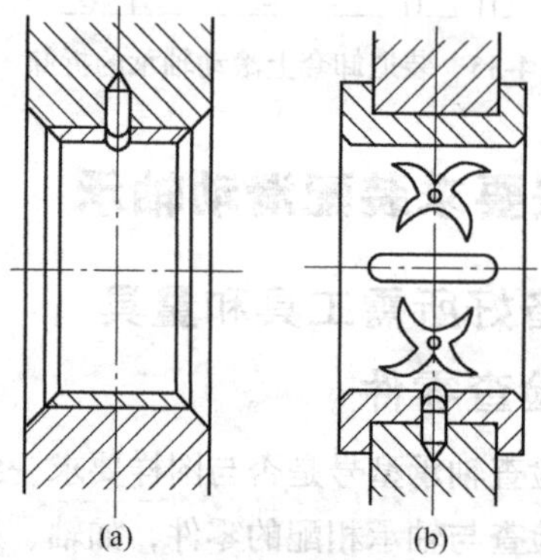

图 4-40　轴瓦的定位方法

③ 轴瓦的刮削。

a. 用与轴瓦配合的轴来显点。在上、下轴瓦内涂上显示剂，然后把轴和轴承装好，把轴承盖固紧，其固紧程度以轴能转动为宜。转动轴，使显点清晰。

b. 刮削：其方法见刮削实训。

5. 滑动轴承的装配结束后，应检查轴承是否灵活，无异常噪声

（四）按要求拆卸滑动轴承

1. 整体式滑动轴承的拆卸

（1）用大于衬套外径的套支在零件端面上用拉力拉出衬套（如图 4-41 所示）。

（2）用一圆盘垫在衬套上，直接用压力或敲打，将衬套拆卸出来（如图 4-42 所示）

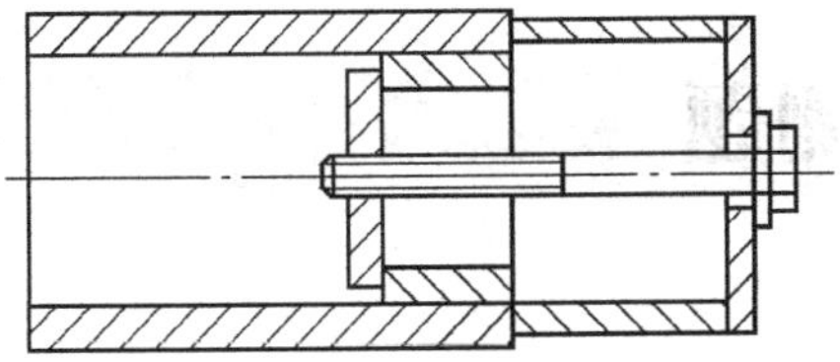

图 4-41　用套支拆卸衬套

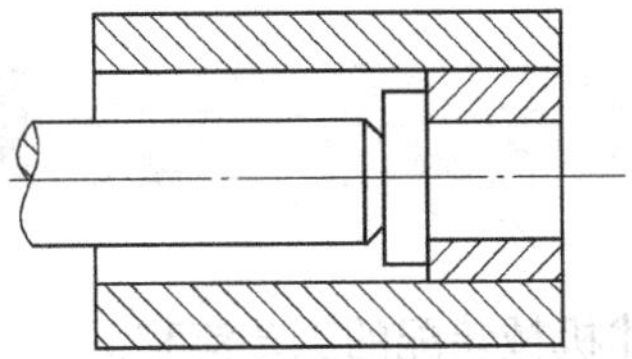

图 4-42　用一圆盘垫拆卸衬套

2. 剖分式滑动轴承的拆卸

（1）将轴承盖卸去。

（2）卸掉定位销。

（3）用铜棒轻轻敲击，将轴瓦敲出。

四、拓展知识

注意事项如下。

（1）要检查轴承是否与要求的一致。

（2）要将打有标记的端面应装在可见的部位，以便更换。

（3）要严格保持清洁，防止杂物进入轴承。

（4）轴承装配在轴颈或壳体孔台肩处的圆弧半径，应小于轴承的圆弧半径。

项目评价

序号	考核内容	考核要求	配分	评分标准	检测结果	得分
1	实训态度	（1）不迟到，不早退。 （2）实训态度应端正	10	（1）迟到一次扣 1 分。 （2）旷到一次扣 5 分。 （3）实训态度不端正扣 5 分		
2	安全文明生产	（1）正确执行安全技术操作规程。 （2）工作场地应保持整洁。 （3）工件、工具摆放应保持整齐	6	（1）造成重大事故，按 0 分处理。 （2）其余违规，每违反一项扣 2 分		
3	设备、工具和量具的使用	各种设备、工具、量具的使用应符合有关规定	4	（1）造成重大事故，按 0 分处理。 （2）其余违规，每违反一项扣 1 分		
4	操作方法和步骤	操作方法和步骤必须符合要求	30	每违反一项扣 1～5 分		
5	技术要求	应符合图样上的要求	50	超差不得分		
6	工时			每超时 5 分钟扣 2 分		
7	合　计					

自测题

1. 简述机械装配的工艺流程。
2. 简述连接件的类型。
3. 简述铆接的形式。
4. 简述铆钉的形式及应用。
5. 常用连接件的装配和拆卸工具有哪些?
6. 简述螺纹连接的装配和拆卸方法。
7. 简述键连接的装配和拆卸方法。
8. 简述销连接的装配和拆卸方法。
9. 简述用半圆头铆钉铆接工件的方法。
10. 简述半圆头铆钉的拆卸方法。

项目五

维修性操作

【能力目标】

1. 掌握齿轮泵的拆卸和装配方法。
2. 掌握齿轮泵的修理方法。
3. 了解齿轮泵的常见故障诊断与维修方法。

【知识目标】

1. 了解并掌握设备维修的概念及内容。
2. 理解设备小修、中修和大修的内容。
3. 了解并掌握齿轮泵的结构和工作原理。

一、项目导入

图 5-1 所示为外啮合式齿轮泵，要求对该泵进行修理。

二、相关知识

设备维修是钳工的一项重要任务，设备维修的质量好坏、维修时间的长短，对提高生产效率，保证产品质量，降低生产成本都有密切的关系。

设备维修是指设备技术状态劣化或发生故障后，为恢复其功能而进行的技术活动，包括各类计划修理和计划外的故障修理及事故修理，又称设备修理。设备维修的基本内容包括设备维护保养、设备检查和设备修理。

（一）设备维护保养

设备维护保养的内容是保持设备清洁、整齐、润滑良好、安全运行，包括及时紧固松动的紧固件，调整活动部分的间隙等。简言之，即“清洁、润滑、紧固、调整、防腐”十字作业法。实践证明，设备的寿命很大程度上决定于维护保养的好坏。维护保养依工作量大小和难易程度分为日常保养、一级保养、二级保养和三级保养等。

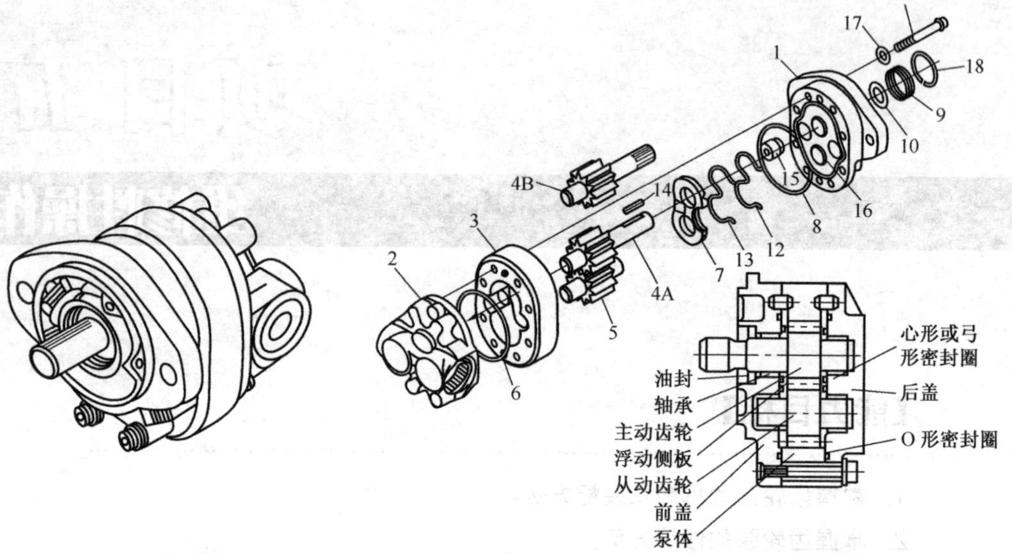

（a）外观图　　（b）立体分解图

1—前盖；2—后盖；3—泵体；4—主动齿轮；5—从动齿轮；6、8—O 形密封圈；7—侧板；9—轴封；10—垫；11—螺钉；12—密封挡圈；13—弓形密封；14—键；15—塞；16—轴承；17—垫圈；18—卡簧

图 5-1　外啮合式齿轮泵外观和立体分解图

日常保养又称例行保养，一般由操作工人承担，其主要内容是进行清洁、润滑、紧固易松动的零件，检查零件和部件的完整。这类保养的项目和部位较少，大多数在设备的外部。

一级保养一般由操作工人承担，它的主要内容是普遍地进行拧紧、清洁、润滑、紧固，还要部分地进行调整。

二级保养一般由专职保养维修工人承担，主要内容包括内部清洁、润滑、局部解体检查和调整。

三级保养一般由专职保养维修工人承担，主要是对设备主体部分进行解体检查和调整工作，必要时对达到规定磨损限度的零件加以更换。此外，还要对主要零部件的磨损情况进行测量、鉴定和记录。

在各类维护保养中，日常保养是基础。保养的类别和内容，要针对不同设备的特点加以规定，不仅要考虑到设备的生产工艺、结构复杂程度、规模大小等具体情况和特点，同时还要考虑到不同工业企业内部长期形成的维修习惯。

（二）设备检查

设备检查，是指对设备的运行情况、工作精度、磨损或腐蚀程度进行测量和校验。通过检查全面掌握机器设备的技术状况和磨损情况，及时查明和消除设备的隐患，有目的地做好修理前的准备工作，以提高修理质量，缩短修理时间。

检查按时间间隔分为日常检查和定期检查。日常检查由设备操作人员执行，同日常保养结合起来，目的是及时发现不正常的技术状况，进行必要的维护保养工作。定期检查是按照计划，在操作者参加下，定期由专职维修工执行。目的是通过检查，全面准确地掌握零件磨损的实际情况，以便确定是否有进行修理的必要。

检查按技术功能，可分为机能检查和精度检查。机能检查是指对设备的各项机能进行检查与测定，如是否漏油、漏水、漏气，防尘密闭性如何，零件耐高温、高速、高压的性能如何等。精度检查是指对设备的实际加工精度进行检查和测定，以便确定设备精度的优劣程度，为设备验收、修理和更新提供依据。

（三）设备修理

设备修理，是指修复由于日常的或不正常的原因而造成的设备损坏和精度劣化。通过修理更换磨损、老化、腐蚀的零部件，可以使设备性能得到恢复。设备的修理和维护保养是设备维修的不同方面，二者由于工作内容与作用的区别是不能相互替代的，应把二者同时做好，以便相互配合、相互补充。

1. 设备修理的种类

根据修理范围的大小、修理间隔期长短以及修理费用多少，设备修理可分为小修、中修和大修三类。

小修通常只需修复、更换部分磨损较快和使用期限等于或小于修理间隔期的零件，调整设备的局部结构，以保证设备能正常运转到计划修理时间。小修理的特点是修理次数多，工作量小，每次修理的时间短，修理费用计入生产费用。小修理一般在生产现场由车间专职维修工人执行。

中修是对设备进行部分解体、修理或更换部分主要零件与基准件，或修理使用期限等于或小于修理间隔期的零件；同时要检查整个机械系统，紧固所有机件，消除扩大的间隙，校正设备的基准，以保证机器设备能恢复和达到应有的标准和技术要求。中修的特点是修理次数较多，工作量不很大，每次修理时间较短，修理费用计入生产费用。中修理的大部分项目由车间的专职维修工在生产车间现场进行，个别要求高的项目可由机修车间承担，修理后要组织检查验收并办理送修和承修单位交接手续。

大修是指通过更换、恢复其主要零部件，恢复设备原有精度、性能和生产效率而进行的全面修理。大修理的特点是修理次数少，工作量大，每次修理时间较长，修理费用由大修理基金支付。设备大修后，质量管理部门和设备管理部门应组织使用和承修单位有关人员共同检查验收，合格后送修单位与承修单位办理交接手续。

设备大修一般包括解体前整机检查、部件拆卸、部件检查、必要部件分解、零件清洗及检查、部件修理和装配、设备总装配、试车、整机精度检验、竣工验收。

2. 设备修理的组织方法

设备修理的组织方法有部件修理法、分部修理法和同步修理法等。

部件修理法就是将需要修理设备的部件拆卸下来，换上事先准备好的同类部件。这种方法可以节省部件拆卸和装配的时间，使设备停歇时间缩短。适用于拥有大量同类型设备的企业和关键的生产设备。

分部修理法是设备的各个部件，不在同一时间内修理，而是将设备各个独立的部分，按顺序分别进行修理，每次只集中修理一个部分。这种方法的优点是，由于把设备的修理工作量分散，因而可以利用非生产时间进行修理。这种方法适用于结构上具有相对独立部件的设备以及修理工作量大的设备，如组合机床、大型起重设备。

同步修理法是将在工艺上相互紧密联系的数台设备安排在同一时期内进行修理，实现同步化，以减少分散修理所占的停机时间。这种方法适用于流水生产线的设备等。

（四）齿轮泵的结构和工作原理

CB-B 齿轮泵的结构如图 5-2 所示，它属于外啮合式低压齿轮泵，它转速为 1450r/min，额定压力为 2.5MPa，排量为 2.5～125ml/r，它是分离三片式结构，三片是指泵体 7 和泵盖 4、8。泵的前后盖和泵体由两个定位销 17 定位，用 6 只螺钉固紧。

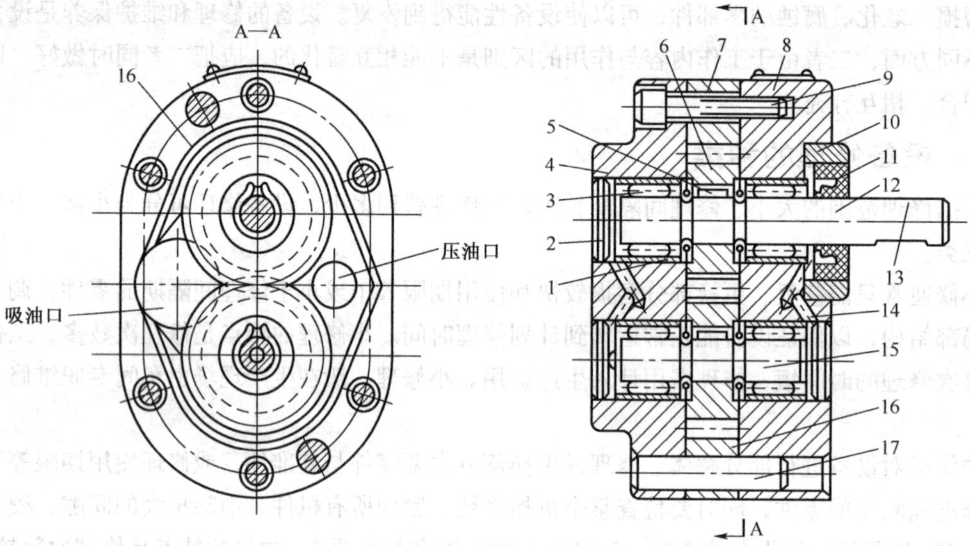

1—轴承外环；2—堵头；3—滚子；4—后泵盖；5—键；6—齿轮；7—泵体；8—前泵盖；9—螺钉；10—压环；11—密封环；12—主动轴；13—键；14—卸油孔；15—从动轴；16—卸油槽；17—定位销

图 5-2 CB-B 齿轮泵的结构图

泵体内相互啮合的主、从动齿轮与前、后盖及泵体一起构成密封工作容积，齿轮的啮合线将左、右两腔隔开，形成了吸、压油腔，当主动齿轮按顺时针旋转时，左侧吸油腔内的轮齿脱离啮合，密封工作腔容积不断增大，形成局部真空，油液在大气压力作用下从油箱经吸油管进入吸油腔，并被旋转的轮齿带入压油腔。压油腔内的轮齿不断进入啮合，使密封工作腔容积减小，油液受到挤压被排往系统，这就是齿轮泵的工作原理。

为了保证齿轮能灵活地转动，同时又要保证泄漏最小，在齿轮端面和泵盖之间应有适当轴向间隙，对小流量泵轴向间隙为 0.025～0.04mm，大流量泵为 0.04～0.06mm。齿顶和泵体内表面间的径向间隙，由于密封带长，同时齿顶线速度形成的剪切流动又和油液泄漏方向相反，故对泄漏的影响较小，这里要考虑的问题是：当齿轮受到不平衡的径向力后，应避免齿顶和泵体内壁相碰，所以径向间隙就可稍大，一般取 0.13～0.16mm。

为了防止压力油从泵体和泵盖间泄漏到泵外，并减小压紧螺钉的拉力，在泵体两侧的端面上开有卸油槽 16，将渗入泵体和泵盖间的压力油引入吸油腔。在泵盖和从动轴上的小孔，可将泄漏到轴承端部的压力油也引到泵的吸油腔去，防止油液外溢，同时也润滑了滚针轴承。

三、任务实施

（一）齿轮泵拆卸

图 5-1 所示为外啮合式齿轮泵外观和立体分解图，其拆装步骤和方法如下。

（1）准备好内六角扳手一套、耐油橡胶板一块、油盘一个及钳工工具一套等器具。

（2）用套筒扳手卸掉泵体与泵盖的连接螺钉，取下泵盖，如图 5-3 所示。

（3）卸下后泵盖，如图 5-4 所示。

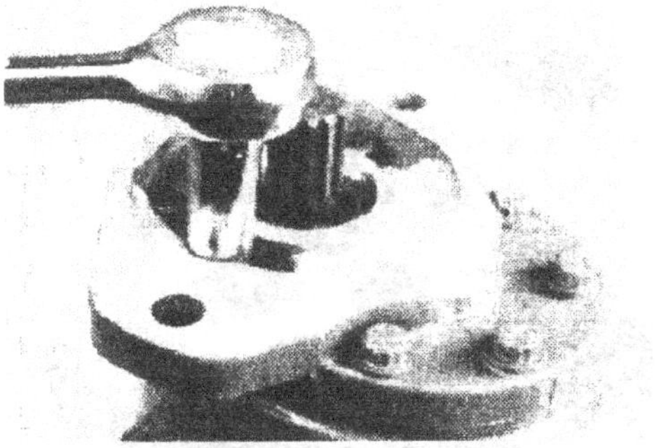

图 5-3　卸掉连接螺钉，取下泵盖

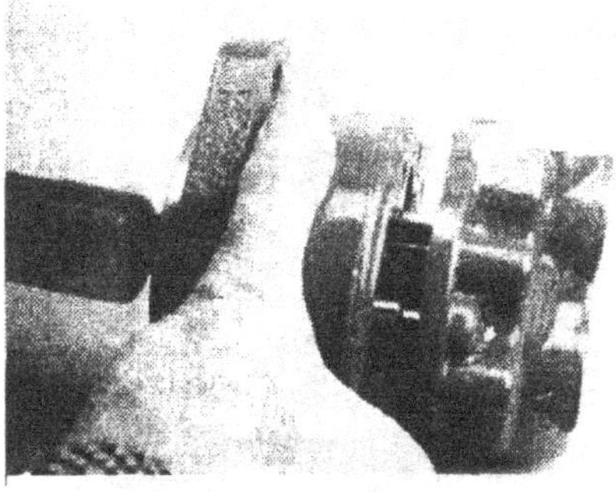

图 5-4　卸下后泵盖

（4）取出后泵盖下端密封圈，拆卸方法如图 5-5 所示。

（5）从泵体中依次取出主动齿轮轴、从动齿轮轴，如图 5-6 所示。

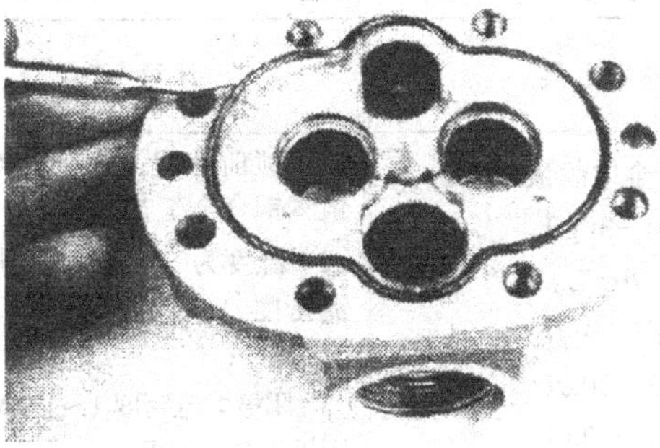

图 5-5　取出后泵盖下端密封圈 6

图 5-6　从泵体中依次取出主动齿轮轴、从动齿轮轴

（6）卸下浮动侧板，如图 5-7 所示。

（7）从侧板上卸下密封圈和密封挡圈，如图 5-8 所示。。

（8）用卡簧钳取出卡簧，如图 5-9 所示。

（9）用螺钉拧入塞子，如图 5-10 所示。

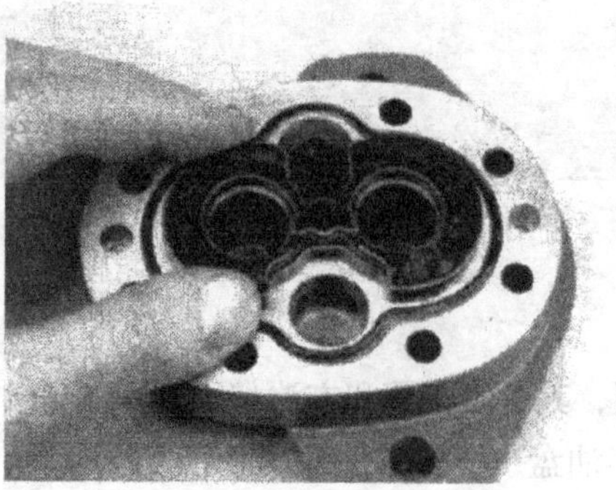

图 5-7 卸下浮动侧板

图 5-8 从侧板上卸下密封圈和密封挡圈

图 5-9 用卡簧钳取出卡簧

图 5-10 用螺钉拧入塞子

（二）齿轮泵的修理（见表 5-1）

表 5-1 齿轮泵的修理

序号	修理部位	修理方法	修理工具	注意事项
1	泵体端面	（1）对称型：可将泵翻转 180° 安装再用。 （2）非对称型：电镀青铜合金或刷镀，修整泵体内腔孔磨损部位	电镀青铜合金电解液配方为： 氯化亚铜 20～30g/L。 锡酸钠 60～70g/L。 游离氰化钠 3～4g/L。 氢氧化钠 25～30g/L。 三乙胺醇 50～70g/L	（1）镀前处理：同一般铸铁电镀青铜合金工艺。 （2）温度为 55～60℃，阴极电流密度 1～1.5A/dm^2，阳极为合金。 （3）阴极电流密度 1～1.5 A/dm^2，阳极为合金阳极
2	前后泵盖、轴套与齿轮接触的端面	磨损不严重时，可在研磨平板上研磨端面修复，磨损拉伤严重时，可先放在平面磨床上磨去沟痕，再稍加研磨	（1）研磨平板。 （2）平面磨床	注意要适当加深、加宽卸荷槽的相关尺寸
3	侧板端面	侧板磨损后可将两侧板放于研磨平板或玻璃板上研磨平板	（1）1200 号金刚砂。 （2）研磨平板。 （3）平整玻璃板	光面粗糙度应低于 0.8μm，厚度差在整圈范围内不超过 0.005mm

续表

序号	修理部位	修理方法	修理工具	注意事项
4	齿轮泵轴轴承部位	如果磨损轻微，可抛光修复；如果磨损严重，则需用镀铬工艺修复或重新加工一新轴	（1）镀铬槽。 （2）机加工设备	重新加工时，两轴颈的同轴度为 0.02～0.03mm，齿轮装在轴上或连在轴上的同轴度为 0.01mm
5	齿轮 （1）齿形 （2）齿轮端面 （3）齿顶面 （4）齿轮轴	（1）去除拉伤、凸起及毛刺，再将齿轮啮合面调换方位，适当对研后清洗。 （2）先将齿轮砂磨，再抛光	（1）细砂布或油石。 （2）0 号砂布	适用于轻微磨损件

（三）齿轮泵装配

按拆卸的反向顺序装配齿轮泵。装配前清洗各零部件，将轴与泵盖之间、齿轮与泵体之间的配合表面涂润滑液，并注意各处密封的装配，安装浮动轴套时应将有卸荷槽的端面对准齿轮端面，径向压力平衡槽与压油口处在对角线方向，检查泵轴的旋向与泵的吸压油口是否吻合。

（1）安装前盖上密封圈，如图 5-11 所示。

（2）对正套上泵体，如图 5-12 所示。

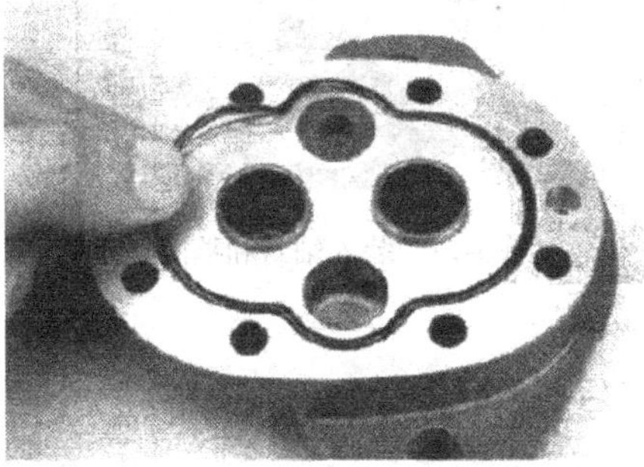

图 5-11　安装前盖上密封圈

图 5-12　对正套上泵体

（3）在侧板上装上新的密封圈和挡圈，如图 5-13 所示。

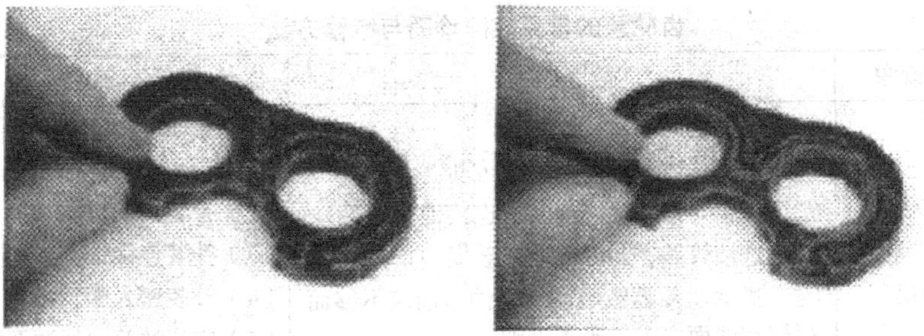

图 5-13　在侧板上装上新的密封圈和挡圈

（4）将装好的侧板放入泵体孔内，如图 5-14 所示。

（5）装入主、从动齿轮轴，如图 5-15 所示。

图 5-14　将装好的侧板放入泵体孔内

图 5-15　装入主、从动齿轮轴

（6）在后盖上装上密封圈，如图 5-16 所示。

（7）以定位销定位，将后盖反向装入齿轮轴上，对角拧紧泵各安装螺钉，最后装入轴封和挡圈，如图 5-17 所示。

图 5-16　在后盖上装上密封圈

图 5-17　装入轴封和挡圈

四、拓展知识

齿轮泵的常见故障诊断与维修方法见表 5-2。

表 5-2　齿轮泵的常见故障诊断与维修方法

序号	故障现象	故障原因	维修方法
1	吸不上油，无油液输出	（1）电机转向不对。 （2）电机轴或泵轴上漏装了传动键。 （3）齿轮与泵轴之间漏装了连接键。 （4）进油管路密封圈漏装或破损。 （5）进油滤油器或吸油管因油箱油液不够而裸露在油面之上，吸不上油。 （6）装配时轴向间隙过大。 （7）泵的转速过高或过低	（1）将电机电源进线某两相交换一下。 （2）补装传动键。 （3）补装连接键。 （4）补装密封圈。 （5）应往油箱中加油至规定高度。 （6）调整间隙。 （7）泵的转速应调整至允许范围

续表

序号	故障现象	故障原因	维修方法
2	泵虽上油，但输出油量不足，压力也升不到标定值	（1）电机转速不够。 （2）选用的液压油黏度过高或过低。 （3）进油滤油器堵塞。 （4）前后盖板或侧盖板端面严重拉伤产生的内泄漏太大。 （5）对于采用浮动轴套或浮动侧板式齿轮泵，浮动轴套或浮动侧板端面拉伤或磨损。 （6）油温太高，液压油黏度降低，内泄增大使输出油量减少	（1）电机转速应达标。 （2）合理选用液压油。 （3）清洗滤油器。 （4）用平磨磨平前后盖板或侧盖板端面。 （5）修磨浮动轴套或浮动侧板端面。 （6）查明原因，采取相应措施，对中高泵，应检查密封圈
3	发出“咯咯咯……”或“喳喳喳……”的噪声	（1）泵内进了空气。 （2）联轴器的橡胶件破损或漏装。 （3）联轴器的键或花键磨损造成回转件的径向跳动产生机械噪声。 （4）齿轮泵与驱动电机安装不同心	（1）排净空气。 （2）更换联轴器的橡胶件。 （3）修理联轴器的键或花键，必要时更换。 （4）泵与电机安装的同心度应满足要求

五、项目评价

序号	考核内容	考核要求	配分	评分标准	检测结果	得分
1	实训态度	（1）不迟到，不早退。 （2）实训态度应端正	10	（1）迟到一次扣1分。 （2）旷到一次扣5分。 （3）实训态度不端正扣5分		
2	安全文明生产	（1）正确执行安全技术操作规程。 （2）工作场地应保持整洁。 （3）工件、工具摆放应保持整齐	6	（1）造成重大事故，按0分处理。 （2）其余违规，每违反一项扣2分		
3	设备、工具、量具的使用	各种设备、工具、量具的使用应符合有关规定	4	（1）造成重大事故，按0分处理。 （2）其余违规，每违反一项扣1分		
4	操作方法和步骤	操作方法和步骤必须符合要求	30	每违反一项扣1～5分		
5	技术要求	应符合图样上的要求	50	超差不得分		
6	工时			每超时5分钟扣2分		
7	合　计					

自测题

1. 简述设备维修的基本内容。
2. 简述 CB-B 型齿轮泵的结构和工作原理
3. 简述齿轮泵的拆卸和装配方法。
4. 简述齿轮泵各部位的修理方法。
5. 简述齿轮泵的常见故障诊断与维修方法。

附录1

钳工国家职业标准

1 概述

1.1 职业等级

本职业共设五个等级，分别为：初级（国家职业资格五级）、中级（国家职业资格四级）、高级（国家职业资格三级）、技师（国家职业资格二级）、高级技师（国家职业资格一级）。

1.2 鉴定要求：从事或准备从事本职业的人员

1.3 申报条件（初级和高级技师略）

1.3.1 中级（具备以下条件之一者）

（1）取得本职业初级职业资格证书后，连续从事本职业工作3年以上，经本职业中级正规培训达规定标准学时数，并取得毕（结）业证书。

（2）取得本职业初级职业资格证书后，连续从事本职业工作5年以上。

（3）连续从事本职业工作7年以上。

（4）取得经劳动保障行政部门审核认定的、以中级技能为培养目标的中等以上职业学校本职业（专业）毕业证书。

1.3.2 高级（具备以下条件之一者）

（1）取得本职业中级职业资格证书后，连续从事本职业工作4年以上，经本职业高级正规培训达规定标准学时数，并取得毕（结）业证书。

（2）取得本职业中级职业资格证书后，连续从事本职业工作7年以上。

（3）取得高级技工学校或经劳动保障行政部门审核认定的、以高级技能为培养目标的高等职业学校本职业（专业）毕业证书。

（4）大专以上本专业或相关专业毕业生，取得本职业中级职业资格证书后连续从事本职业工作2年以上。

1.3.3 技师（具备以下条件之一者）

（1）取得本职业高级职业资格证书后，连续从事本职业工作5年以上，经本职业技师正规培训达规定标准学时数，并取得毕（结）业证书。

（2）取得本职业高级职业资格证书后，连续从事本职业工作 8 年以上。

（3）高级技工学校职业（专业）毕业生和大专以上本专业或相关专业毕业生取得本职业高级职业资格证书后，连续从事本职业工作满 2 年。

1.4 基础知识

1.4.1 基础理论知识

（1）识图知识。

（2）公差与配合。

（3）常用金属材料及热处理知识。

（4）常用非金属材料知识。

1.4.2 机械加工基础知识

（1）机械传动知识。

（2）机械加工常用的设备知识（分类、用途）。

（3）金属切削常用刀具知识。

（4）典型零件（主轴、箱体、齿轮等）的加工工艺。

（5）设备润滑及切削液的使用知识。

（6）工具、夹具、量具使用与维护知识。

1.4.3 钳工基础知识

（1）划线知识。

（2）钳工操作知识（錾、锉、锯、钻、铰孔、攻螺纹、套螺纹）。

1.4.4 电工知识

（1）通用设备常用电器的种类及用途。

（2）电力拖动及控制原理基础知识。

（3）安全用电知识。

1.4.5 安全文明生产与环境保护知识

（1）现场文明生产要求。

（2）安全操作与劳动保护知识。

（3）环境保护知识。

1.4.6 质量管理知识

（1）企业的质量方针。

（2）岗位的质量要求。

（3）岗位的质量保证措施与责任。

1.4.7 相关法律、法规知识

（1）劳动法相关知识。

（2）合同法相关知识。

2 中级工作要求

职业功能	工作内容	技能要求	相关知识
工艺准备	读图与绘图	1. 能够读懂车床的主轴箱、进给箱，铣床的进给变速箱等部件装配图。 2. 能够绘制垫、套、轴等简单零件图	1. 标准件和常用件的规定画法、技术要求及标注方法。 2. 读部件装配图的方法
	编制加工、装配工艺	1. 能够提出装配所需工装的设计方案。 2. 能够根据机械设备的技术要求，确定装配工艺顺序	1. 装配常用工装的基本知识。 2. 编制机械设备装配工艺规程的基本知识
加工与装配	划线	能够进行箱体、大型工件等较复形体工件的主体划线	1. 复杂工件的划线方法。 2. 锥体及多面体的展开方法
	钻、铰孔及攻螺纹	1. 能够按图样要求钻复杂工件上的小孔、斜孔、深孔、盲孔、多孔、相交孔。 2. 能够刃磨群钻	1. 小孔、斜孔、深孔、盲孔、多孔、相交孔的加工方法。 2. 群钻的种类、功能及刃磨方法
	刮削与研磨	1. 能够刮削平板、方箱及燕尾形导轨，并达到以下要求：在25mm×25mm范围内接触点数不少于16点，表面粗糙度 Ra0.8μm，直线度公差每米长度内为0.015～0.02mm。 2. 能够刮轴瓦，并达到以下要求：磨床磨头主轴轴瓦在25mm×25m范围内接触点数16～20点，同轴度ϕ0.02，表面粗糙度 Ra1.6μm。 3. 能够研磨ϕ80×400孔，并达到以下要求：圆柱度ϕ0.015mm，表面粗糙度 Ra0.4μm	1. 导轨刮削的基本法及检测方法。 2. 曲面刮削基本方法及检测方法。 3. 孔的研磨方法及检测方法
加工与装配	旋转体的静平衡	能够对旋转体进行静平衡	旋转体静平衡的基本知识及方法
	装配与调整	1. 能够进行普通金属切削机床的部件装配并达到技术要求。 2. 能够进行压缩机、气锤、压力机、木工机械等的装配，并达到技术要求	1. 连接件、传动件、密封件的装配工艺知识。 2. 通用机械的工作原理和构造。 3. 装配滑动轴承和滚动轴承的方法。 4. 装配尺寸链的知识
精度检验	钻、铰孔及攻螺纹的检验	能够正确使用转台、万能角度。 尺、正弦规等测量特殊孔的精度	常用量仪（例如：游标卡尺、内径千分尺、内径千分表、千分表、杠杆千分表、水平仪、经纬仪等）的结构、工作原理和使用方法
	装配质量检验	1. 能够进行新装设备空运转试验。 2. 能够正确使用常用量具对试件进行检验。 3. 能够进行设备的几何精度检验。 4. 能够对常见故障进行判断	1. 通用机械质量检验项目和检验方法。 2. 通用机械常见故障判断方法
设备维护	装配钳工常用设备的维护保养	能够排除立钻、台钻、摇臂钻等钳工常用设备的故障	立钻、台钻、摇臂钻等钳工常用设备故障排除方法

3 高级工作要求

职业功能	工作内容	技能要求	相关知识
工艺准备	读图与绘图	1. 能够读懂车床、立式钻床等设备的装配图。 2. 能够阅读简单的电气、液（气）压系统原理图。 3. 能够绘制齿轮、传动轴等一般零件图	1. 常用电气图形符号和代号。 2. 机械设备电气图的读图方法。 3. 液（气）压元件的符号及表示方法
	编制加工、装配工艺	1. 能够对关键件的加工工艺规程提出改进意见。 2. 能够编制复杂设备的装配工艺规程	复杂机械设备装配工艺规程的编制方法
加工与装配	划线	能够进行复杂畸形工件的划线	1. 凸轮的种类、用途、各部尺寸的计算及划线方法。 2. 曲线的划线方法。 3. 畸形工件的划线方法
	钻、铰孔	孔能够钻削、绞削高精度系	钻削、绞削高精度孑L系的方法
	刮削与研磨	1. 能够刮平板、方箱达1级（不少于20点）。 2. 能够研磨精度为100%×400mm孔，并达到以下要求：圆柱度声ϕ0.015mm，表面粗糙度Ra0.4μm	提高刮削精度的方法
	旋转体的动平衡	能够对旋转体进行动平衡	动平衡的原理和方法
装配质量检验	装配与调整	能够装配铣床，磨床、齿轮加工机床，铣床等普通金属切削机床，并达到技术要求	1. 机构与机械零件知识。 2. 静压导轨、静压轴承的工作原理、结构和应用知识。 3. 轴瓦浇注巴氏合金知识。 4. 各种挤压加工方法
	性能及精度检验	1. 能够排除设备空运转试验中出现的故障。 2. 能够对负荷试验件不合格项进行分析并处理。 3. 能够分析设备几何精度超差原因，并实施设备精度调整	1. 机械设备空运转及负荷试验中常见故障分析及排除方法。 2. 机械设备几何精度超差的原因及精度调整方法
培训指导	指导操作	能指导本职业初、中级工进行实际操作	指导实际操作的基本方法

4 技师工作要求

职业功能	工作内容	技能要求	相关知识
工艺准备	读图与绘图	1. 能够读懂复杂设备机械、液（气）压系统原理图，数控设备基本原理图和机械装配图。 2. 能够提出装配需用的专用夹具、胎具的设计方案并绘制草图。 3. 能够借助词典看懂进口设备相关外文标牌及使用规范	1. 复杂设备及数控设备的读图方法。 2. 一般夹具设计与制造知识。 3. 常用标牌及使用规范英（或其他外语）汉对照表
	编制装配工艺	1. 能够根据新产品的技术要求，编制装配工艺规程。 2. 能够编制关键件的装配作业指导书	1. 与装配钳工相关的新技术、新工艺、新设备、新材料的知识（如滚珠丝杠副、涂塑导轨等）。 2. 编制装配作业指导的方法

续表

职业功能	工作内容	技能要求	相关知识
加工与装配	刮削与研磨	1. 能够刮削精密机床导轨，并达到以下要求：在 25mm×25mm 范围内接触点为 20～25 点，表面粗糙度 *Ra*0.8μm，直线度 0.003mm/1 000mm 组合导轨“V、一”“V、V”的平行度公差 0.004 FnlTI/1 000mm。 2. 能够精研精度为 ϕ100mm×400mm 孔，并达到以下要求：圆柱度 ϕ0.008mm，表面粗糙度 *Ra* 0.2μm	1. 组合导轨的刮研及检测方法。 2. 提高研磨精度的方法及研具的制备知识
	装配与调整	1. 能够装配坐标镗床、齿轮磨床等高速、精密、复杂设备，并达到技术要求。 2. 能够装配、调整数控机床并能够装配、调试新产品	1. 复杂和高精度机械设备的工作原理、构造及装配调整方法。 2. 数控机床基本知识
装配质量检验	性能及精度检验	1. 能够进行高速、精密、复杂设备空运转试验并排除出现的故障。 2. 能够对高精设备试件不合格项的产生原因进行综合分析并予以处理。 3. 能够对高速、精密、复杂设备的几何精度进行检验，并分析超差原因和提出解决方法	1. 精密量仪的结构原理（例如：合像水平仪、光学平直仪、平晶等）。 2. 振动基本常识。 3. 高速、精密、复杂设备几何精度的检验方法、超差原因及解决方法
培训指导	指导操作	能够指导本职业初、中、高级工进行实际操作	培训教学基本方法
	理论培训	能够讲授本专业技术理论知识	
管理	质量管理	1. 能够在本职工作中认真贯彻各项质量标准。 2. 能够应用质量管理知识，实现操作过程的质量分析与控制	1. 相关质量标准。 2. 质量分析与控制方法
	生产管理	1. 能够组织有关人员协同作业。 2. 能够协助部门领导进行生产计划、调度及人员的管理	生产管理基本知识

附录2

中级钳工操作技能考核习题库

一、锉配达到如图1所示的要求。

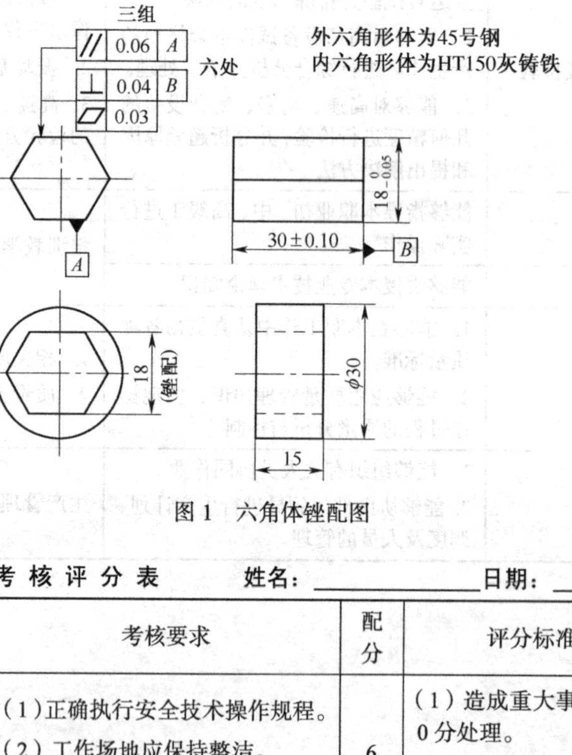

图1 六角体锉配图

考 核 评 分 表　　　姓名：＿＿＿＿＿＿＿＿日期：＿＿＿＿＿＿＿＿

序号	考核内容	考核要求	配分	评分标准	检测结果	得分
1	安全文明生产	（1）正确执行安全技术操作规程。 （2）工作场地应保持整洁。 （3）工件、工具摆放应保持整齐	6	（1）造成重大事故，按0分处理。 （2）其余违规，每违反一项扣2分		
2	设备、工具、量具的使用	各种设备、工具、量具的使用应符合有关规定	4	（1）造成重大事故，按0分处理。 （2）其余违规，每违反一项扣1分		
3	操作方法和步骤	操作方法和步骤必须符合要求	20	每违反一项扣1～5分		

续表

序号	考核内容	考核要求	配分	评分标准	检测结果	得分
4	技术要求	平行度 0.06mm（3 组）	6	每违反一项扣 2 分		
		垂直度 0.04mm（6 组）	12	每违反一项扣 2 分		
		平面度 0.04mm（6 组）	12	每违反一项扣 2 分		
		$18^{0}_{-0.05}$ mm（3 组）	6	每违反一项扣 2 分		
		30 ± 0.10mm	4	每违反一项扣 2 分		
		外六角形体尺寸 18mm（3 组）	15	每违反一项扣 5 分		
		外六角形体尺寸 15mm	5	违反扣 5 分		
5	工时	8 小时	10	每超时 5 分钟扣 1 分		
6	合　　计					

二、制作榔头，达到如图 2 所示的要求。

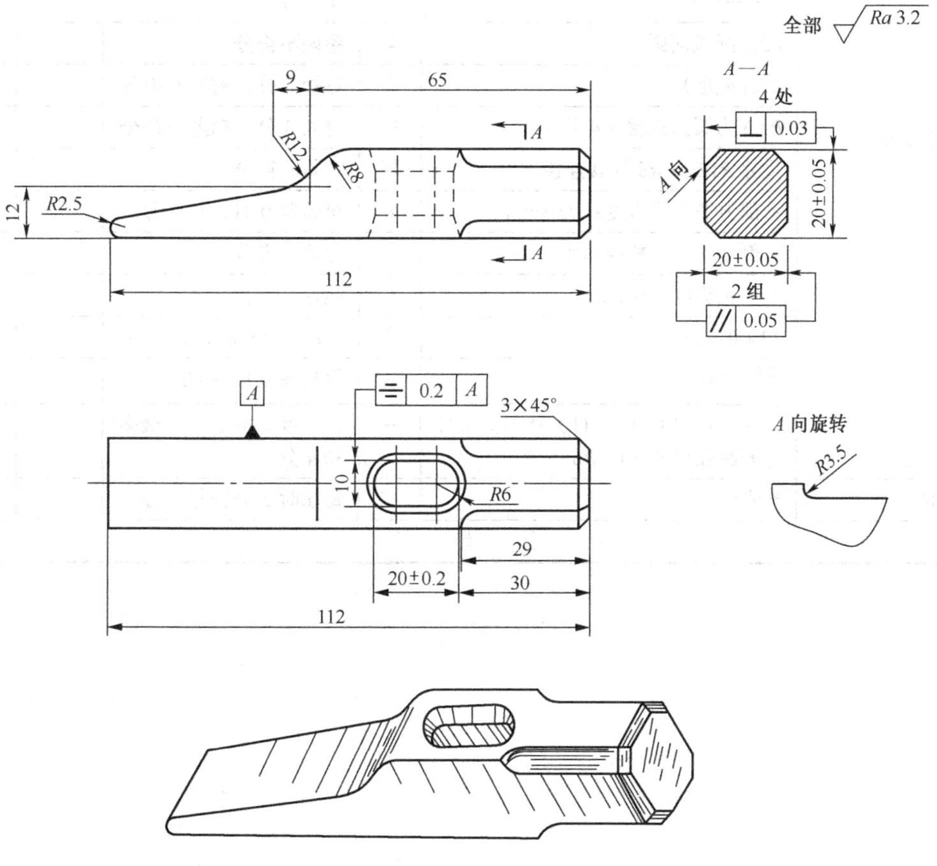

图 2 榔头图

考 核 评 分 表　　　姓名：____________日期：____________

序号	考核内容	考核要求	配分	评分标准	检测结果	得分
1	安全文明生产	（1）正确执行安全技术操作规程。 （2）工作场地应保持整洁。 （3）工件、工具摆放应保持整齐	6	（1）造成重大事故，按0分处理。 （2）其余违规，每违反一项扣2分		
2	设备、工具、量具的使用	各种设备、工具、量具的使用应符合有关规定	4	（1）造成重大事故，按0分处理。 （2）其余违规，每违反一项扣1分		
3	操作方法和步骤	操作方法和步骤必须符合要求	10	每违反一项扣1至5分		
4	技术要求	20±0.05mm（2处）	4	每处2分，每超差±0.01，扣2分		
		⊥ 0.03（4处）	8	每处2分，每超差0.01，扣1分		
		// 0.05（2处）	6	每处3分，每超差0.01，扣1分		
		*R*2.5圆弧面圆滑	2	超差不得分		
		*C*3（4处）	8	每处2分，超差不得分		
		*R*3.5内圆弧连接（4处）	12	每处3分，超差不得分		
		尺寸*R*12与*R*8及其连接	14	超差不得分		
		舌部斜平面平直度：0.03mm	2	每超差0.01，扣2分		
		各倒角均匀，棱线清晰	2	超差不得分		
		表面粗糙度*Ra*1.6μm	4	超差一级扣2分		
		20±0.20mm	2	每超差±0.01，扣1分		
		⌯ 0.2 *A*	2	每超差0.1，扣2分		
		尺寸29、30、63、110外形横向尺寸和腰孔尺寸10、*R*6	4	1个超差扣1分，最多扣4分		
5	工时	8学时	10	每超时5分钟扣1分		
6	合　计					

参考文献

[1] 王德洪．钳工技能实训[M]．北京：人民邮电出版社，2006.
[2] 王德洪．钳工技能实训（第 2 版）[M]．北京：人民邮电出版社，2010.
[3] 王德洪．基于项目化的钳工基础实训．西安：西安电子科技大学出版社，2013.
[4] 吴开禾．钳工[M]．福州：福建科学技术出版社，2005.
[5] 岳忠君，芦玉昕．钳工技能图解[M]．北京：机械工业出版社，2004.
[6] 陈宏钧．钳工操作技能手册[M]．北京：机械工业出版社，2004.
[7] 李伟杰．装配钳工[M]．北京：中国劳动社会保障出版社，2004.
[8] 孙庆群．机械工程综合实训[M]．北京：机械工业出版社，2005.
[9] 机械工业职业研究中心．钳工技能实战训练提高版[M]．北京：机械工业出版社，2004.
[10] 机械工业职业研究中心．钳工技能实战训练入门版[M]．北京：机械工业出版社，2004.
[11] 机械工业职业技能指导中心．中级钳工技术[M]．北京：机械工业出版社，2004.
[12] 机械工业职业技能指导中心．初级钳工技术[M]．北京：机械工业出版社，2004.
[13] 张华．模具钳工工艺与技能训练[M]．北京：机械工业出版社，2005.
[14] 康力，张琳琳．金工实训[M]．上海：同济大学出版社，2009.
[15] 张玉中，孙刚，曹明．钳工实训[M]．北京：清华大学出版社，2010.
[16] 朱江峰，姜英．钳工技能训练[M]．北京：北京理工大学出版社，2010.
[17] 董永华，冯忠伟．钳工技能实训（第二版）[M]．北京：北京理工大学出版社，2009.
[18] 陆望龙．液压系统使用与维修手册[M]．北京：化学工业出版社，2008.
[19] 王德洪．液压气动系统拆装及维修（第 2 版）[M]．北京：人民邮电出版社，2014.
[20] 陆望龙．看图学液压维修技能[M]．北京：化学工业出版社，2010.